Willow

柳の文化誌

アリソン・サイム 著
Alison Syme

駒木 令 訳

花と木の図書館

原書房

〔……〕は訳者による注記である。

サリクス・フラギリス（ポッキリヤナギ）。刈りこんである。オックスフォードシャー州テーム。

序　章　自然界のヤナギ

水辺の幽霊にして生け垣の番人、庭の宝石にして農場の一員——柳ほど詩的でありながら実用的な樹木はない。その種類はそびえ立つものから低いもの、色あざやかなものから淡いもの、しだれるものから直立したものまで、じつにさまざまだ。

用途も形態と同じく多岐にわたる。何千年ものあいだ、人々は柳を編んでかごや家具、フェンスや壁をつくってきた。柳で病気を治療し、豊穣の祝祭や葬送儀礼などの神話や儀式に取り入れた。そしてもちろん、その美と詩情に特別な地位を与えた。洋の東西を問わず、柳は庭園をいろどり、芸術や文学のモチーフとして繰り返し登場する。モネは倦むことなく柳を描いた。シェイクスピアは悲劇的な愛の表象として柳を使うことを好んだ。おそらく柳の多彩な形態と機能が重要性を認識させると当時に、相反する想像力をかきたてるのだろう。

これから見ていくように、生と死、悲しみと喜び、労働と娯楽、必需品と装飾品にむすびついている柳は、さまざまな時代と場所で、人間の営みのほぼあらゆる側面を映しだす鏡として機能し、ともに歩んできた。そう、柳はわれわれのそばにいた。本書はこの涙の木、夢の木、愛の木、そして死の木の運命が、つねに人間の運命と交錯してきたことを解き明かしてゆく。

ヤナギは顕花《けんか》植物［花をつけ種子を生じる植物の総称］のヤナギ科に属する。ヤナギ属（ラテン語ではサリクス Salix）には350～500種があり、優雅な枝を揺らすしだれ系の高木から、あざやかな色の若枝を伸ばす低木、極地で地を這うように生育する矮性《わいせい》まで、じつに多彩な姿を示す。葉は長くて薄かったり、短くて丸かったり、茎はまっすぐだったり、虹色に渦巻いたり。しかし高木であれ低木であれ、矮性であれ、ほとんどのヤナギ属には共通項があり、非常に特徴的な「尾《び》状《じょう》花《か》序《じょ》」というものをつける。これは小さな花が数百個密集して尾のような形になったもので、ネコヤナギなら白毛が密生した、灰色がかったつぼみのように見える――いち早く春を告げるしるしのひとつだ。尾状花序は薄くて紡錘形の、やわらかな毛で覆われた花の集団である。花の色や大きさは一様ではない。サリクス・プルプレア（*Salix purpurea*〈西洋行李柳〉）セイヨウコリヤナギのあかるい赤、サリクス・メラノスタキス（*S. melanostachys* クロヤナギ）の漆黒をはじめ、黄、紫、ピンク、緑などがある。ヤナギは雄の木と雌の木に分かれるので（これを雌雄異株《しゆういしゆ》という）、雄花が開いて黄色の花粉をつけた葯《やく》が現れはじめると、尾状花序の色合いはますます変化に富んでいく。

ヤナギ属を意味するラテン語の「サリクス Salix」は、ケルト語の「サリス sallis = sal（近い）＋ lis（水）」に由来する。ヤナギの多くが水辺を好むことを考えると、おそらく大昔から、水路に沿って移動してきたに違いない。花を咲かせ種子をつける顕花植物は、比較的温暖だった約6500万年前から1億4500万年前の白亜紀に初めて登場した。この時代の地層から発見されたヤナギ属の花粉化石や葉の破片の化石からすると、ミツバチなどの昆虫によって受粉した矮性ヤナギが、白亜紀の植物相のかなりの部分を占めていたらしい。東アジアの山岳地帯を原産地とするヤナギ属の野生種は、直近の氷河期の氷がとけ河川となって土砂を運んだ時期に、北半球一帯に広がったと考えられている。おもに温帯から北極圏にかけて生育するが、緑豊かな渓谷、砂漠、熱帯、ツンドラや山岳地帯、なかには標高4000メートル以上のヒマラヤ山脈に生えるものまで、さまざまな気候に適応する。大半が赤道より上の地域に分布し、アジア、ヨーロッパ、北アメリカがもっとも多く、北アフリカとインドでは少ない。南アメリカにはサリクス・フンボルティアナ（*S. humboldtia-*

ネコヤナギ

サリクス・プルプレア。雄の木の尾状花序。

na）など数種の原産種がある。サリクス・ムクロナタ（*S. mucronata* シルバー・ウィロー）はアフリカ南部が原産である。[1]

これら世界の旅人たちは種類が多いうえに形態も多様なため、しばしば亜属に分類される。「典型的なヤナギ」（ヤナギ亜属、高木と大低木）、柳細工用や低木のヤナギ（カプリサリクス亜属、小さめの高木と低木）、矮性のヤナギ（カマエティア亜属）の3つだ。「典型的なヤナギ」に属するのは、サリクス・アルバ（*S. alba* セイヨウシロヤナギ）、バビロニカ（*S. babylonica* シダレヤナギ）、フラギリス（*S. fragilis* ポッキリヤナギ）などの高木や大低木で、枝はしだれるものもあれば、直立するものもある。川の流れる谷間を好み、樹高は25メートルにも達し、幹も驚くほどの太さまで成長する。樹齢80年のヤナギが樹齢300年のオークに匹敵することもあるらしい。[2] 刈りこむと——木のてっぺんを刈ると、ウィジィと呼ばれるしなやかな若枝の成長が促進され、定期的に収穫できるようになる——刈らないときよりも木の寿命は延び（ヤナギの成長は速いため放置すると樹冠が重くなり、幹が裂けやすい）、家畜のための餌や木陰にもなれば、薪や農具の材料にも使える。ごつごつした太い幹近くまで刈りこんだヤナギの列が、農地や排水路、用水路のまわりをかこんでいる光景は、ヨーロッパ各地で見られる。昔はヤナギの「枝を刈りこんで農場の杭や囲いに使うのがあまりにふつうだったため、ヤナギのほんとうの姿を知る人はほとんどいないに違いない」[3]と、19世紀のある著述家は嘆いたものだ。とはいえ、刈りこんだヤナギはほかのどんな樹木よりも、野生生物に棲みやすい環境を提供する。鳥が広々とした樹冠に巣をつくると、木の上に堆積した糞に無数の昆虫がむらがり、その昆虫をついばみにさらに鳥が集まる。[4]

サリクス・メラノスタキスの尾状花序

サリクス・アルバ・ウィテリナ=トリスティス（ゴールデン・ウィーピング・ウィロー〈黄金枝垂れ柳《こがねしだ》〉）。トロント、カナダ。

シダレヤナギ。中国、山西省大寨（ターチャイ／だいさい）。

柳細工用や低木のヤナギには、サリクス・ウィミナリス（*S. viminalis* セイヨウキヌヤナギ）、カプレア（*S. caprea* ゴート・ウィロー／バッコヤナギ）のほか、典型的なヤナギよりも小さくめったに6メートル以上にならないものが含まれる。この種類は荒れ地に育つ。たいていは湿地を好むが、乾いた砂地や砂丘に適応するものもある。柳細工用のヤナギの葉は長くて狭く、低木のヤナギは丸くて幅広の葉が多いが、つねにそうとはかぎらない。このグループはネコヤナギ様の枝を出すので、イースターの祝祭によく使われる。また、あざやかな色の枝はかごをはじめ、日常用の工芸品に用いられたりする――17世紀の園芸家は「あらゆる枝編み細工のためのもの」と述べた。[5]

矮性のヤナギは耐寒性があり、地を這うようにのびる匍匐性の小低木で、高さ1メートル以上になることはなく、数センチにとどまる場合も多い。小さな葉はたいてい丸みをおび、木は水平方向に

刈りこんだヤナギの列。南ホラント州ハーストレヒト近郊、オランダ。

刈りこんだサリクス・フラギリス（ポッキリヤナギ）。オックスフォードシャー州ブリットウェルサローミー、イギリス。

サリクス・カプレア（バッコヤナギ）。バッキンガムシャー州ダンサーズエンド自然保護区、イギリス。

広がっていく。多数の種が高木限界［高木の生育が不可能となる限界線］をはるかに超えて生育し、極北の樹木相のひとつとなっている。高山や北極圏のきびしい環境に適応する矮性ヤナギは、ホッキョクウサギ、カリブー、ジャコウウシなどの貴重な食料源だ。また、植物学者のあいだでは、風媒花のケショウヤナギ属（Chosenia）をヤナギ属の亜種とするかどうかで意見が分かれている。ヤナギ属の歴史は、分類のむずかしさと切り離せない関係にあるといっていい。

ヤナギ属の分布領域は広大なうえ、非常に多様な種が存在するので、頻繁に自然な交雑が起こる。つまり、雑種ができるのである。それが分類をますますむずかしくする。分類学の父リンネはヤナギの「分類はきわめて困難」[6]と述べたし、植物学者ウィリアム・フッカーも、どうにもつかみどころがないという意見だった。

すべての植物にあてはまるわけではないが、属と

アラスカのホッキョクヤナギ。

サリクス・アルバ・ウィテリナ（アルバの変種）。スロベニア東部グロベルノ。

いうものは、成長の時期の違い、土壌や状況の違い、環境の違いによって、より変異を生じやすくなる。したがって、もっとも有能な植物学者であっても、その種の正確な特定は一筋縄ではいかないのである。[7]

現代の植物学者にしろ、形態が多様すぎるヤナギの同定はむずかしいと考えている。同じ種なのに染色体の変異があったりするから、遺伝子分析さえ完全なよりどころにはならない。[8]「ヤナギwillow」は古期英語のwelig に由来する。「しなやかさ」という意味の言葉だ。事実、これは柔軟性に富む——正体不明とはいうまい——植物なのである。

ヤナギ属に関する初期の記述では、植物学的な特徴よりも用途に重きをおいていた。プリニウスやカトー、ウァッロなどの古代ローマの著述家たちは、ブドウの木を縛ることからかご細工まで、農業におけるヤナギの使用法を列挙している。カトーは、ヤナギ林（サリクトゥム salictum）は農場に不可欠とした。それよりだいじなものはブドウ畑と野菜畑しかなく、オリーブ畑にいたってはヤナギのあとである。[9]プリニウスはヤナギを「もっとも有益な水辺の植物」[10]と考えており、植え付け、育成、刈りこみの方法を指南した。中世の著述家ピエトロ・デ・クレセンツィは、14世紀の著作『農業の利益についての書 *Liber ruralium commodorum*』で、古代の大家たちの意見に自分なりの考えを付け加えたが、植物学的な特徴は記載しなかった。15世紀版の木版画には、刈りこんだヤナギが川のほとりにならぶ光景が描かれている。葉をつけ、まっすぐに伸びた若枝は、その強さとしなやかさをうかがわせるが、種を特定できるほどの情報は描きこまれていない。

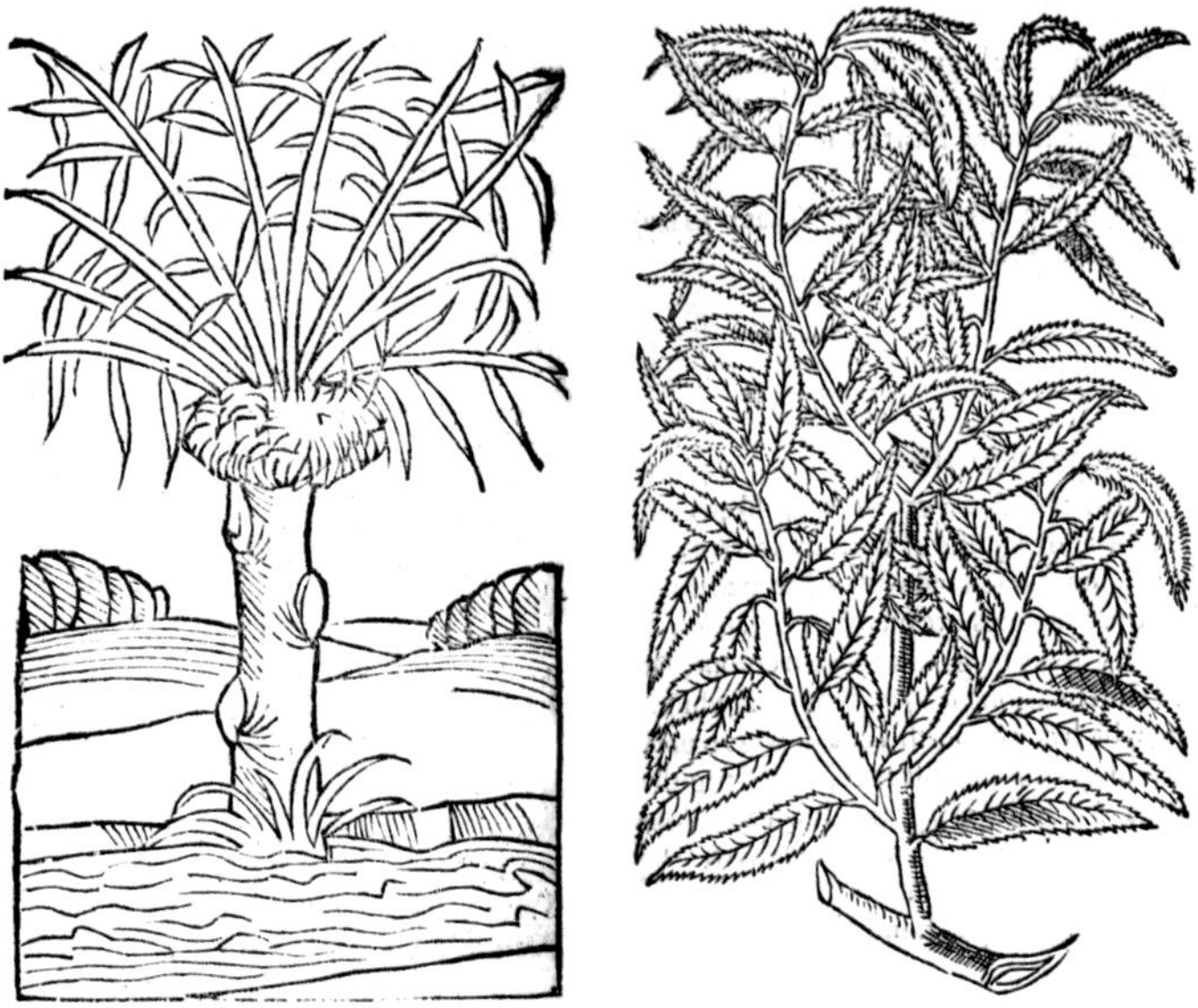

左はピエトロ・デ・クレセンツィ『農業の利益についての書』のヤナギ属（シュパイエル、1490年）。右はジョン・ジェラード『本草書』のヤナギ属（ロンドン、1597年）。

16世紀から17世紀になると、薬草や農業の専門家はヤナギの実用面に加え、植物学的な特徴をよりくわしく述べるようになった。ジョン・ジェラードは1597年の『本草書 *The Herbal*』で、「さまざまな種類」のヤナギを「大雑把なタイトル」――「柳細工用、低木、ローズ・ウィロー、コモン・ウィジィ、矮性ヤナギ」――で分け、それぞれの樹皮、根、葉、基本的な樹形について論じた。たとえば一般的なヤナギの場合、「葉は長く、モモの葉よりも小さくて幅が狭く、表面は緑が濃くてつるつるしており、裏面はややわらかめで白っぽい」。また枝は「紫か白の樹皮で覆われている」。ジェラードとその同時代の著者たちは、ヤナギの尾状花序の違いについても述べた。あるものは「長くてもじゃもじゃ」であり、あるものは「丸い」――そしてヤナギの種子には「白くて細い綿毛」がついており、「風にのって飛んでいく[11]」（プリニウスは「成熟前のヤナギの果実はクモの巣状になる[12]」と記していた）。

日記作者で植物に造詣の深い科学者だったジョン・イーヴリンは、『樹木誌《シルヴァ》――森林の樹木についての論 *Sylva, or, A Discourse of Forest-Trees*』（１６６４年）で、ヤナギの形態と種類についてかなりくわしく述べている。たとえば、低木を「一般的なもの」「成長の速いもの」「枝が赤っぽいもの」に分けたが、柳細工用のヤナギに関しては、種類が「無数」にありすぎるため分類を断念した。また、各種のヤナギが好む土壌について述べ（一般的なヤナギは「草原や水辺」を好むが湿潤すぎてはいけない）、詳細な活用法を記した。低木を刈りこんでから3年たった枝は「熊手や槍の柄をつくるのにじゅうぶんな強度」がある。4年目の枝は鋤《すき》になる。柳細工用のしなやかな枝はゆりかごや椅子のほか、ミツバチの巣箱、格子窓や戸、移動式の網垣、樽のたがなどをつくるのに使える。イーヴリンは、風に運ばれる種子についているふわふわの綿毛の活用法まで提案した。ヤナギの種子が白い雲になって飛びはじめたら、「か弱い女性でも数時間のうちに４５０～９００グラムほどの柳絮《りゅうじょ》［白い綿毛のついたヤナギの種子のこと］を集められる。その質感は極上の絹のようで、創意工夫に富んだ主婦であれば、有効に利用できるのはまちがいない[13]」――たしかに、このやわらかな綿毛を巣材に使う鳥だっているのだから。

19世紀になっても、ウィリアム・フッカーによると、ヤナギは「経済的な植物リストの筆頭[14]」に位置しており、おおぜいの著名な植物学者が研究を重ねた。ベッドフォード公爵ジョン・ラッセルは、イギリス東部の所領ウーバン・アビーに異なる種類のヤナギを植えてヤナギ園をつくった。そ

区分けされたヤナギの枝。レイクショア・ウィローズ、オンタリオ州、カナダ。

の目録を作成した庭師のジェームズ・フォーブズが、ヤナギ特定のむずかしさの一端を示している。つまり、春と夏、葉が若いときと成熟したとき（形と大きさが変わるため）、尾状花序ができたときなど、異なる時期に特徴を調べる必要があるのだ。フォーブズの目録には、ヤナギの種類と色の豊富さが記されている。たとえば、「紫色のヤナギ」は「小木、枝は濃い紫色、細くてしだれており、プラムのように光の加減で色が変化する」とされ、ほかにも暗紫色、青、茶、白、濃緑、金色、灰色、淡色、バラ色など、多彩な色が紹介されている。[15]

19世紀にはヤナギの分類も進み、植物学者ジョン・クラウディス・ラウドンらの詳細な研究もあったが、依然として不可解な植物だった。ヴィクトリア女王のかご細工職人ウィリアム・スケーリングは、いくつかの種名に頭を悩ませた。サリクス・ウィミナリス（*S. viminalis*）は小枝を意味するラテン語「ウィメン vimen」に由来する。スケーリングはこれに腹を立てた。というのも、「およそいかなる種類の小枝もほとんどない。概して完璧になめらかで、まっすぐに伸び、小枝、すなわち側枝が出ないのである」。また、つねに紫《パープル》とはかぎらないサリクス・プルプレアは、「どうやらヤナギ属に付き物の混乱のひとつ」と評された。[16] とはいえ、ヤナギにまつわるミステリーのうち、名前の問題は些細なものにすぎない。これから見ていくように、ヤナギは冥界、魔術、月とかかわりがある。イギリスの植物学者で医師のニコラス・カルペパーは1653年の著作『完全なる本草書 *Complete Herbal*』で、「月がヤナギを支配する」[17] と断言した。またジョン・イーヴリンは、農学や植物学の実証主義者だったにもかかわらず、ヤナギを植えたり切ったりするのは新月の日がよいと述べた。[18]

ヤナギが冥界や超自然とむすびついているとされるのは、ひとつにはその生殖法が関係している。つまり、ヤナギは雌雄の受粉でも、それなしでも繁殖するのである。つぼみが大きくなって花の穂のような尾状花序になると、虫媒花のヤナギの受粉をになうのはおもにミツバチだが、さまざまな昆虫をひきよせる。雌の木が微細な種子の集団――柳絮――を無数に飛ばしはじめると、19世紀アメリカの作家ヘンリー・D・ソローの言葉を借りれば、「植物のなかでもっとも浮力のある種子」は「クモの糸の房のようになり、ふわふわと行方さだめず」風に乗ってただよい流れていく。この突然の変容は、「綿毛の粒子は頬にあたってもそれとわからないほどなのに、そのうちのいくつかが直径1・5メートルの刈りこまれた成木になるのか[19]」と考えると驚くばかりだ。一方、ヤナギの

ヤナギの尾状花序。1500年頃の彩飾写本『アンヌ・ド・ブルターニュの大時祷書』の植物装飾。

無性生殖のほうは、ある意味では摩訶不思議といえる。地面に落ちて死んだとしか思えないような小枝が、土と水にありつくと根を張るのだから、その生命力は無敵に思える。なかには、もっぱら無性生殖で増えるヤナギもある。たとえば、名は体をあらわすの好例のようなポッキリヤナギ［英語ではクラック・ウィローといい、クラックは折れるなどの意］。これは上部の枝が重くなりすぎると真ん中から裂けることがあり、風が吹くだけで枝が折れるほど脆い。小枝が水路に落ちると、遠くまでただよい流れてから地に根を張ったりする。[20]こうした変幻自在性はヤナギ属全体の特徴であり、植物学者ラウドンがいうように、ヤナギは「ほかのいかなる植物よりも、根は容易に枝に変化し、枝は根に変化する[21]」。この変身は長生きにつながる。たいていのヤナギの寿命は短く、50〜70年か100年くらいだが、モスクワのオゴロド薬草園（1706年にピョートル大帝が設立した薬草園で、現在はモスクワ国立大学附属植物園）には樹齢300年近くのセイヨウシロヤナギがある。また有性生殖のヤナギでも、サリクス・カプレア（ゴート・ウィロー）などは500年まで生存する場合がある。しかし無性生殖の樹木は、理論上は不死だ。[22]

ヤナギのさまざまな名前は、その旺盛な活力に由来することが多い。中世の神学者で『語源 *Etymologiae*』を著したセビリアのイシドールスは、ヤナギのラテン語「サリクス Salix」の語源を誤解してラテン語の「サリレ salire（跳ぶ）」と考え、「そう命名されたのは、ヤナギが勢いよく〝生じる〟（salire）、すなわち成長が速いからである」と説明した。またラテン語の「ウィメン vimen（ヤナギの小枝）」は、ヤナギの「若枝のすぐれた強度（ウィス vis、目的格はウィム vim）」から来ているとした。[23] ソローもヤナギの成長の速さに着目し、次のように述べている。

ヤナギ属がどれほど性急に繁茂し、どれほど早熟なことか……砂地のヤナギは水辺のヤナギとは異なり、若枝を2本出すことはめったにないが、枝にならんだ銀色の尾状花序がはじけると、すぐに金色の花と綿毛のような種子が信じられないほどの速さで自分の種属を広げてゆく。[24]

ヤナギの生命力は人間に移すことができると考えられていた。ヨーロッパの民間伝承によれば、分娩中に新生児が傷を負った場合、ヤナギの幹や枝を裂いてそのあいだをくぐらせたあと、木をしっ

サリクス・フラギリス（ポッキリヤナギ）。刈りこんである。バッキンガムシャー州ネザーウィンチェンドン。

かり縛って接着させておくと、裂けた部分がくっつく頃に子供の傷が癒えるとされた。[25] 同様に、くる病にかかった子供は「ヤナギの裂け目」をくぐると治るといわれた。フランドル地方の発熱の治療法は、少々狡猾である。「早朝にヤナギの老木のところへ行き、1本の枝に3個の結び目をつくって、『おはよう、ご老体。あんたに冷たくてすてきな朝をあげるよ。おはよう、ご老体』と述べ、向きを変えて振り返らずに走り去る」[26]。こうした魔術的な治療法はさておき、実際のところ、北半球の文明はどれもヤナギを薬草のひとつに用いてきた。

1763年、聖職者で自然哲学者のエドワード・ストーンは、ロンドン王立協会に一般的なセイヨウシロヤナギ（サリクス・アルバ）の樹皮の薬効に関する論文を発表した。ある日のこと、散歩の途中でいくつか樹皮を噛んでみたストーンは、古い文献にヤナギの樹皮の効用についてどう書いてあるのか調べてみようと思いついた。それに基づいてシロヤナギの若枝から500グラムほどの樹皮を集め、ゆっくり乾燥させて粉末にした。それから5年にわたって、粉末を「水、茶、少量のビールなど」に混ぜて発熱患者50人に与えたところ、安全かつ有効な薬剤になるという結論に達した。[27] 65年後の1828年、ドイツの化学者ヨハン・アンドレアス・ブフナーが、シロヤナギの樹皮から黄色の物質を抽出することに成功し、ヤナギのラテン語「サリクス」にちなんで「サリシン」と名づけた。その後の20年間、ヤナギなど植物由来のサリシンを分析した化学者たちは、サリシンが体内で酸化されてサリチル酸になることを突きとめた。1897年、ドイツのバイエル社の化学者フェリックス・ホフマンがアセチルサリチル酸の合成に成功、アスピリンという商品名で登録された。[28]

サリクス・アルバ（セイヨウシロヤナギ）の葉と樹皮

古代ギリシア・ローマ時代の医師たちは、さまざまな病気にヤナギ属を処方している。紀元前5世紀のヒポクラテスは、分娩時の疼痛をやわらげたり産褥熱を治療したりするためにヤナギの葉を噛むことを妊婦に勧めた。紀元1世紀のギリシア系医師のディオスコリデスは、著作『薬物誌 *De Materia Medica*』で耳痛、痛風、ふけの治療にはヤナギの葉や樹皮を煎じたものを与えるとよいと述べており、またヤナギの葉をつぶしてコショウとブドウ酒に混ぜたものは腸内ガスに効くとした[29]。プリニウスによれば、ヤナギの「樹液」には「眼をかすませる体液を取り除く作用」「利尿作用」「あらゆる膿を排出する作用」があり、「枝の先端からとった樹皮を焼いた灰」に水を混ぜたものは「ウオノメや胼胝《タコ》」をとるのに使えるという。[30]

中世とルネサンス期には、ヤナギは西洋植物療法の標準的な薬用樹木になった。薬用植物を記した書物は、たいていディオスコリデスの著作をもとにしていたが、最小限のことしか書いていない古代の用法に新しい情報を加えたものもあった。たとえば、ウィリアム・ターナーの『新本草書 *New Herball*』の第2部（1562年）は、ヤナギの樹皮を焼いたものをウオノメなどの「かたくて腫れがほとんどない皮膚病変」に用いる場合、酢に浸してから膏薬《こうやく》（貼り薬）にするのがよいとしている。[31]カルペパーは、ヤナギの「花が咲いた頃の樹皮を切り裂いて採った水」は「眼の充血やかすみ」に効くとしたほか、ヤナギの葉や樹皮、種子を血止めや吐き気止めに処方した。[32]

ヤナギのタンニンとサリシンは、下痢、出血、疼痛、発熱、体液貯留に効果があるとされる。[33]もうひとつ、ヤナギの薬効として広く信じられているもの――すなわち避妊――には科学的な裏付けがない。たしかに、ヤナギの生命力を考えるとこの使用法は奇妙に思える。ディオスコリデスは、ヤナギの葉を水に混ぜたものは「受胎を妨げる」と述べ、プリニウスは、ヤナギの葉を砕いてつぶしたものを飲みすぎると「まったくの不能」になると警告している。[34]専門家によれば、こうした考えを追っていくと、紀元前8世紀の人といわれるホメロスの作品にたどりつくという。ホメロスは叙事詩『オデュッセイア』の第10歌で、ヤナギを「実を失うもの」もしくは「実を壊すもの」としているからだ。[35]この評価は定着し、ヨーロッパと中東の著述家はこぞって避妊薬と堕胎薬にヤナギを加えた。プリニウスはヤナギの種子が「女性に不妊をもたらす[36]」と述べたし、医の大家ガレノスは通経薬（月経を起こさせる薬）にヤナギを含めた。4世紀のギリシアの医師オレイバシオスは、女性は性交後にヤナギの葉とシダの根を飲むと妊娠を防げるとし、6世紀のビザンティン帝国の医師アミダのアエティオスは、避妊を望む男性に「去勢したラバ［雄ロバと雌ウマの交配による雑種］の睾丸を焼いたもの」とヤナギを混ぜて飲むことを勧めた。同様に、9世紀から11世紀にかけての中東の医師たち——ラーゼス（ムハンマド・イブン・ザカリヤー・アル・ラーズィー）、アブー・アル・ハサン・アル・タビブ、アヴィセンナ（イブン・スィーナー）など——の著作にも、避妊薬と堕胎薬のリストにヤナギが入っている。[37]

中国では、少なくとも紀元前500年前からセイヨウシロヤナギ（サリクス・アルバ）が疼痛や発熱の治療に使われていた。[38] 紀元2世紀頃に成立した中国最古の薬物学書『神農本草経《しんのうほんぞうきょう》』では、ヤナギは苦くて冷たい植物に分類されており、炎症を抑える効果があるとして関節痛にヤナギの樹皮の服用を勧めている。節くれだった幹が、腫れや変形のある関節を想起させたからだろう。また、ヤナギの種子の粉末は黄疸の治療や止血に、ヤナギの根は不快な膣分泌物の軽減に、ヤナギの枝は鎮痛に、ヤナギの葉は乳腺炎、甲状腺腫、腫脹、皮膚病に処方されている。[39] 明代の百科全書的な薬物学書、1578年に李時珍《りじちん》が完成した『本草綱目《ほんぞうこうもく》』は、サリクス・バビロニカ（シダレヤナギ）の葉を煎じたものは疥癬《かいせん》と悪性の痛みに、根皮を煎じたものは黄疸、「白く濁った尿」、腫脹、鼓腸によいとした。さらに、サリクス・プルプレア（セイヨウコリヤナギ）の枝を煎じたものは吹き出物や痘瘡《とうそう》［天然痘］に効くとした。めずらしく歯についても助言しており、ヤナギの小枝を歯磨きに使うことを勧めている。[40]

疼痛の治療に加え、ヤナギは数千年前から外傷の治療にも用いられてきた。紀元前1500年頃の古代エジプトの外科的治療法を記した「エドウィン・スミス・パピルス」は、胸部の感染創にはまずヤナギの葉を用いて炎症を抑えてからほかの治療をおこなう、と述べている。[41] 中世日本の医学書は、戦場で負った傷——金瘡《きんそう》（刃物などによる傷）——に対して、ヤナギとほかの植物を組み合わせた治療法を紹介している。１３９１年の『鬼法《きほう》』によれば、手足の深い傷には小豆の粉末をつけたあと「ヤナギを編んだもの」で包帯するのがよいという。１３５７年の『金瘡療治鈔《きんそうりょうじしょう》』は、骨まで達する傷の場合、ヤナギの枝を布でくるんであたためたものを副木として使用し、傷口に麒麟血《きりんけつ》［ヤシ科の樹木の果実の樹脂］を削ったものを投与するように、と戦場医に指示している。[42] やがて19世紀から20世紀にかけて武器の開発が飛躍的に進んで戦争が機械化され、近代医療も発展して四肢を失う兵士が増えると、ヤナギは義足などの義肢装具に使われるようになった。

ごくめずらしい、驚くような処方をふたつ述べよう。紀元30年頃に医の百科全書を著した古代ローマの学者アウルス・コルネリウス・ケルススは、ヤナギの葉を肛門脱や膣脱を治すのに使った。それによると、ゆるんで体外に脱出してしまった部分を塩水か辛口のブドウ酒で洗ったあと、「まず酢で煮たヤナギの葉、次に綿布、最後に毛織物をあてておさえたあと、ゆるんだ患部がふたたび落ちてこないようしっかりと巻いてから、しばらくのあいだ両脚を縛って閉じておく」のだという。[43] また中国湖南省で発掘された馬王堆漢墓《まおうたいかんぼ》——紀元前2世紀前半の地方高官一家の墳墓——におさめられていた医書は、外陰部の腫れを治すのに、ヤナギの尾状花序をつぶしたものと腐りかけのラードをあわせた軟膏を処方している。[44]

こうした治療法を見ていくと、遠い昔からヤナギがいかに人間の生活に密着していたかに気づか

蒋廷錫《しょうていしゃく》編集『古今図書集成』の挿し絵（1725年／上海にて1934年刊行の書籍より）

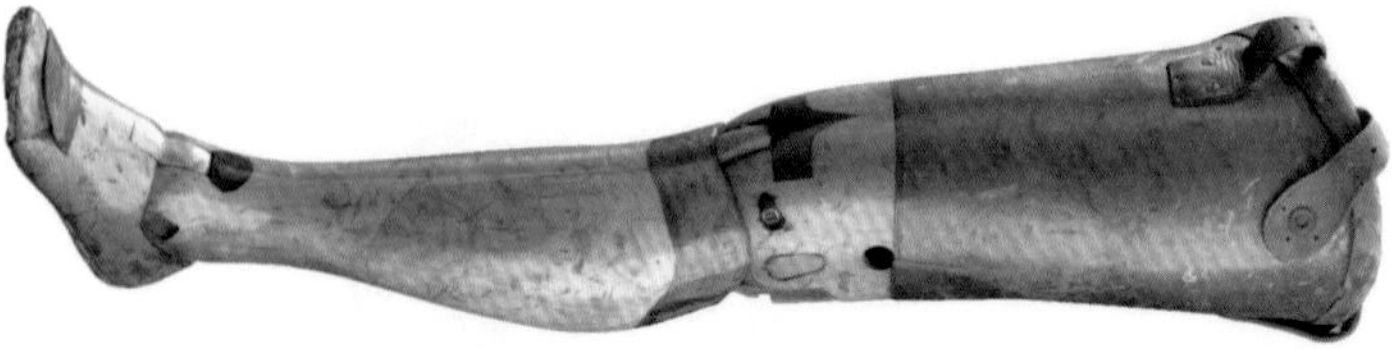

ヤナギと革でつくった義足

される。あまり知られていないかもしれないが、ヤナギは現在、ますます重要な役割を果たすようになった。北半球のいたるところで、土壌の修復や、人間による長年の環境破壊を調整するために、さまざまなヤナギが用いられている。内モンゴル自治区などの緑化が必要な地域では、砂漠化の防止にサリクス・プサモフィラ（*S. psammophila* サンド・ウィロー）などが植樹されており、ヨーロッパでは下水や埋め立て地などの廃水処理を目的にヤナギを植えている。根から窒素などの有害物質を吸収させるためだ。[45] こうした生物濾過装置としての役割のほか、ヤナギは土壌や斜面、川岸の安定化、湿地帯の造成にも利用される。ヤナギの雑木林は、環境に優しいだけでなく肥料をほとんど使わずに作れるバイオ燃料として、近年の注目度が高い。さらに、ほかの農作物に比べ、多種多様な植物や鳥、蝶やミツバチなどの昆虫の生息場所となる。[46] 人間とヤナギとの持続的な関係には、人間が環境全体と持続可能な関係をむすぶヒントが隠されているのかもしれない。

しかし、ヤナギとその意味することについて、わたしたちがほとんどなにも知らなくなってから久しい。本書はヤナギとの再会を目的とする。ヤナギが広範な地域に分布し、これほど多くの種があるのなら、その文化史も同じように豊かで、複雑で、世界的であるに違いない。これから、世界各地でヤナギが水ばかりか大地に、そして詩、悲哀、狂気、戦争にさえつながっていることを見ていこう。それは西と東、生と死、歓喜と悲嘆を行き来する旅となる。古代エジプトから現代

サリクス・プサモフィラ（サンド・ウィロー）。内モンゴル自治区オルドス、中国。

まで、神話と魔術、儀式と宗教の根源をたどりながら北半球をめぐり、この樹木が発想の源となった機能的で美しい品々や建築物をつぶさに眺める。世界でもっとも有名な陶磁器模様である柳模様の皿に秘められた不可思議で複雑な歴史は、かえりみられない大量生産品や日々の食卓に新たな感慨をもたらすだろう。文学に登場するヤナギを読めば、愛と喪失を悼み、心の傷を癒す方法に新たな光があてられるだろう。ヤナギが美術に占める特別な位置は、絵画鑑賞の手引きとなるだろう。最後に、端緒となるべき場所を探る――庭園のヤナギだ。美と実用を兼ねそなえて奉仕する樹木は、時と場所の架け橋となっている。

第1章　春と喪の儀式

柳は生命力、ときには不死の象徴と考えられてきたが、その一方で死と冥界、魔術とのつながりも深かった。こうした象徴としての両義性が生まれたのは、ひとつには柳が驚くほどの復活力をそなえているためである。地に落ちて、もはや死んだとしか思えない枝からなぜか根が出て、新たな芽を吹く光景は、死からの再生の魔法を見ているような心地にさせられる。またビロードのような毛に覆われた、バッコヤナギの灰色がかったつぼみが一気に花粉をつけ、銀色から金色に変わるようすは、やはり劇的な変容にほかならない。ヤナギ属は象徴の玉手箱のような存在だ。それでは、さまざまな文明の神話、魔術、宗教、そして政治的な信条や行動における柳の存在を探っていこう。

古代世界では、柳は生と死の両方に関連づけられていた。古代エジプトの場合、「チェレト tcheret」（サリクス・サフサフ *Salix safsaf*）と呼ばれた柳は、冥界をつかさどる神オシリスの聖なる木だった。オシリスは弟セトの計略にあい、棺に入れられてナイル川に流され、殺されてしまう。棺は柳の木の下に流れ着き、溺れ死んだ神は鳥に姿を変え、その枝に羽を休めては歌をうたった。ところがセトはオシリスの遺体を見つけだしてばらばらにし、エジプト中に撒き散らした。遺体の断片が埋められた場所には、柳の林ができるようになったという（のちにオシリスの妻イシスが遺体を回収して、兄でもあった夫をよみがえらせる）。死と再生を象徴するオシリスと柳は、月と収穫に同一視された。いずれも周期的に姿を消しては、ふたたび現れるからである。毎年の豊作を願い、古代エジプト人は「柳の掲揚」という祭礼をおこなった。[1] エジプト南東部の町デンデラ（ここは柳の木もしくは柳の地を意味するニケントリもしくはニテントリとも呼ばれた）のハトホル神殿に象形文字で刻まれている式次第によれば、柳の供え物は「夏の季節の第1月のはじめ」におこなわれ、「わたしはあなたに柳を供えます。このシストルムの神殿で、あなたの前にこの枝を掲げます。あなたが愛するこの場所で、わたしたちは酒宴を催します」と女神ハトホルに告げる。多柱式の大広間の柱のレリーフには、王《ファラオ》が供え物の細い葉のついた柳を女神に向けて掲げ、柳の冠と花環を身につけた信者たちが祭典につどうさまが描かれている。[2]

　古代ギリシアでも、柳は死と神々にむすびついていた。ホメロスの「実を壊す柳」はハデスの支配する冥界のペルセポネの林に生えており、オルフェウスは柳の枝を手に、亡き妻エウリュディケを取り戻しに行った。柳の杖は「悪霊から」[3]身を守るものだともいい、地下に住む神々の木の枝はぶきみな黄泉の国の道案内をしてくれるものだともいう。死んだ女性は柳に関連づけられた。柳はまた、冥府と魔術の女神ヘカテの聖樹だった。オデュッセウスの部下たちを豚に変えた美しい魔女キルケは、「アイアイエ島で弔いの木の柳が鬱蒼と茂る林[4]」のなかに住んでおり、ときどき高い枝に人間の死体を吊るしていた。[5]

デンデラのハトホル神殿で柳の枝を供える王《ファラオ》。オーギュスト・マリエット＝ベイ『デンデラ――古代都市の大神殿の概要 *Dendérah: description générale du grand temple de cette ville*』（1870年、パリ）より。

ディオニュソスの巫女が柳のかご「リクノン」におかれた豊穣のシンボルから覆いをはずそうとしている。ポンペイ「秘儀荘」のフレスコ画、1世紀。［背景の赤は「ポンペイ・レッド」と呼ばれる］

五穀豊穣の女神デメテルとブドウ酒の神ディオニュソスも、柳に関連している。ディオニュソスの霊杖テュルソスは、おもに柳でできているという伝承もあった。79年のヴェスヴィオ火山噴火によって埋もれたポンペイの遺跡から発掘された「秘儀荘」［個人の大邸宅でイテム荘とも呼ばれる］には、ディオニュソス信仰の入信儀礼の情景を描いたとされる壁画がある。連続する帯状絵画の後半に、柳で編んだかご「リクノン」――穀物をよりわける箕《み》――から屹立する巨大な男根像《ファルス》が登場する。豊穣のシンボルだったファルスには覆いがかけられており、うっすらとしか見えない。デメテル女神の祭礼期間中は、落葉低木でかぐわしい香りを放つセイヨウニンジンボク（ウィテクス・アグヌス－カストゥス *Vitex agnus-castus*）

——当時は柳の一種と信じられていた——を地面に敷きつめて女性の寝床にした。この風習はもともと子宝に恵まれるためのものだったが、のちに意味合いが変化し、「純潔への献身」になった。古代ギリシア世界の逆説的思想である「母にして処女、多産にして貞淑、生者にして死者」[6]は、柳の両義性によって支えられたのである。

　ユダヤ教とキリスト教の伝統では、紀元前6世紀に、新バビロニア王国に征服されてバビロンに強制移住させられたイスラエルの民が竪琴を柳にかけて泣いた、という詩篇137の記述（バビロン捕囚）が長く柳と悲嘆をむすびつけてきた。「バビロンの流れのほとりに座りシオンを思って、わたしたちは泣いた。竪琴は、ほとりの柳の木々に掛けた」[7]。現代版聖書のなかには「柳」を「ポプラ」に訂正しているものもあるが（バビロンの川辺に生えていた木は、どうやらヤナギ科ポプラ属のコトカケヤナギ〈ポプルス・エウフラティカ *Populus euphratica*〉だったらしい[8]）、柳の悲痛な意味合いは変わらない。19世紀の花言葉辞典は、柳に「見捨てられた」という意味を与えている[9]。しかしユダヤ教では、柳は喪失と追放のみを意味するわけではない。レビ記23章に述べられているように、秋の収穫を祝う「仮庵《かりいお》の祭り」（タバナクルの祭り／ヘブライ語ではスコット Sukkot）では、柳は喜びと繁栄、恩恵を意味する。「柳の日」もあるこの祭りは、ユダヤ暦7月15日——グレゴリオ暦の9月か10月——にはじまる。なぜか、秋の収穫祭（柳と強くむすびついた秘儀がおこなわれる豊穣神ディオニュソスは紀元前1世紀のエルサレムでも崇拝されていた）と、ユダヤ人の祖先がエジプト脱出後に40年間荒野をさまよっていたことの記念を合体させたものだ。1週間の祭礼期間中、人々は「川の柳」で仮小屋を建ててヤシの葉で屋根をふき、放浪していた祖先が起居した天幕などでの生活を偲ぶ。仮小屋で食事をとり、ときにはそこで眠るのである。柳の枝は大地を祝福するために使われ、祭りの第7日の「大ホサナ」の日(最終日)、枝の葉が落ち尽くすまで大地を柳の枝で打ち続ける。

柳は、その象徴性で古代ギリシア・ローマ神話とキリスト教をつなぐ植物のひとつだった。初期から中世にかけてのキリスト教にとって、柳は「死することなく永遠の実りをもたらす純潔」[10]、すなわち天上で報われる清浄な人生のシンボルとなった。中世でもやはり柳の一種と信じられていたセイヨウニンジンボクは、あらゆる不浄な想念を追いはらう力が枝にあるとして、僧を守る腰帯に使われた。一説によれば、その慣習は18世紀まで続いたという。[11] しかしヤナギ属は、もっとおおやけの場でもキリスト教の儀式に登場しており、それは現在まで続いている。

復活祭直前の日曜日のパーム・サンデー[カトリックでは枝の主日、プロテスタントでは棕櫚《しゅろ》の主日、正教会では聖枝祭、聖公会では復活前主日と呼ばれる]は、キリストのエルサレム入城を記念する日で、ヨハネによる福音書に述べられているように、群衆が棕櫚《パーム》[新共同訳ではナツメヤシ]の枝を打ち振って歓迎した出来事にちなむ。中欧や東欧、正教会では、パーム・サンデーは柳もしくはネコヤナギの日曜日と呼ばれ、ナツメヤシの枝葉のかわりにネコヤナギが教会や地元の行事に使われる。なぜなら、ネコヤナギの尾状花序はいち早く春を告げるしるしのひとつであること、またこれまで見てきたように、柳は枯れ枝に見えてもよみがえることから、つぼみをつけた枝はまさに復活の象徴たりえるのである。柳の日曜日には、ドイツ南東部の州バイエルンからロシアまで、会衆はみなネコヤナギの枝を教会に持ちよって祝福してもらい、ときには町や村を練り歩いてから自宅や牛小屋、

枝の主日におこなうネコヤナギの祝福。ドイツ南部ブライヒャッハ、2012年。

農地などに飾って病気や死、魔除けに使う。ドイツの民俗学者ヴィルヘルム・マンハルトによれば、生命力の象徴である柳は、祝福されるとキリスト教の神の力の象徴に変わり、「悪魔を滅ぼすもの」になると考えられたのだという。[12]

ネコヤナギは、厄除けとして聖像《イコン》の後ろや家畜小屋の隅におかれた。また、もっと直接的に悪霊退散のために使うこともあった。中欧や東欧の各地では、つぼみをつけた柳の枝を編んで鞭をつくり、人間や動物をたたくのに用いた。効果をじゅうぶんに発揮させるためには、枝には小さな尾状花序がついていなければならなかった（ドイツでは、柳の日曜日までにつぼみが出ていなかったら、生育をうながすために枝をお湯につけたり、オーブンに入れてあたためたりした）。枝が祝福されたあと、若者たちは「柳がおまえを打っているんだ、おれじゃない！」と叫びながら人々を打った。こうした鞭打ちは復活祭の日曜日が来るまでの1週間おこなわれ、教会に行かなかった人が標的になる場合もあったが、たいていは女性や子供、牛が対象にされた。てんかんは悪魔が憑いた結果だとする説もあったため、ヨーロッパの一部地域では、悪魔を体内から追いだすために復活祭の日に切った柳の枝でてんかん患者を打ったりした。ドイツ南部で19世紀まで残った俗信によれば、祝福された柳の尾状花序3つを火に投げ入れたり飲みこんだりすると落雷を防げるとされ、ロシアでは、貧しい人々は祝福を体内に取りこむために尾状花序のおかゆをつくって食べた。[13]

復活の月曜日（復活祭の翌日）もしくは聖ゲオルギウスの日（4月23日）に、トランシルバニア地方やルーマニアのロマ民族は、「緑のゲオルギウス」という祭りで春の訪れを祝った。前日の夜に柳の若木を切り倒し、花環で飾って野営地に立てた。妊娠中の女性はその下に衣類を一枚おき、翌朝までに葉が衣類のうえに落ちていれば、お産が無事にすむとされた。身体の弱った老人も前夜に柳のもとへ行って唾を吐きかけ、「おまえはもうすぐ死ぬけれども、わたしたちを生かしておいておくれ」と頼んだ。柳はその「活力」を嘆願者に分け与えると信じられていたからである。聖ゲオルギウスの当日は、葉と花で全身を飾られた少年が「緑のゲオルギウス」、すなわち大地と水の恵みをもたらす「木の化身」となった。少年はこの1年よく肥るようにと家畜に餌を与え、「3日3晩水に浸けておいた」錆び釘3本を柳に打ちこんでから抜いたあと、「水の精に報いるために」川へ投げ入れる。そして、最後に緑のゲオルギウスの化身――これは人形――を川へ投じて終わりとなる。[14] キリスト教に影響されたこの豊穣の儀式では、釘を打たれて苦しむキリストに似た木は、礼拝した者に永遠とはいわないまでも、長寿を約束するものだった。

緑のジャックの行列。水彩画、1840年頃。

ヨーロッパ各地の五月祭でも、柳の構造物や道具が使われた。ドイツやフランスのさまざまな地域では、葉のついた柳の柱を花で飾り、そのまわりで踊った。[15] イギリスでは、緑のゲオルギウスに似た「緑のジャック」が登場する。ピラミッド形の柳の骨組みをヒイラギやツタ、花、リボンで飾ったものに人が入り、行列の先頭で踊りながら町や村を練り歩くのだ。[16] 19世紀なかばの水彩画（図版参照）には、五月祭を主宰する五月卿と緑のジャックが率いる行列が描かれている。つくりものにはのぞき穴があり、そこから外が見える仕組みだが、最近の解説によっては、柳の骨組みは「入念にむすんだ緑の葉と花束ですっかり覆われており……内部にいる人間はまったくなにも見えなかったかもしれない[17]」としている。

5月、柳は友情や愛をはぐくむためのシンボルになった。ルーマニアでは、友人同士は銀貨をふたつに切ってそれぞれが半分を所有し、一緒に食べたり飲んだりして誓いをたてたあと、「柳を編んだ輪をふたつ」持って野原へ出かける。そして地元でもっとも古い柳の花の下で、輪をお互いの顔の前に掲げ、それをとおして「聖なる交わりの接吻」をかわしてから頭にかぶる。また男は葉のついた柳の枝を切り、「愛の5月」の証として家の前に植えた。[18] 一方、ボヘミアの愛情表現はもっと過激である。少女は「サマー」――柳の枝をリボンと一緒に編んだもの――をつくり、若者の不意を襲ってたたいた。妻も「ちょうだいちょうだいちょうだい！」と叫びながら、サマーで夫をたたいた。少年は尾状花序のついた柳の枝を持ち歩き、鞭として振りまわした。[19]

柳が儀式でさまざまな役割を果たすのは、西洋にかぎったことではない。東洋の仏教では、柳は重要な意味を持っており、水、涙、慈悲に関連している。慈悲の心で人々を救う菩薩《ぼさつ》、聖観音《しょうかんのん》は

聖観音／観音菩薩（部分）。926 ～ 75年頃。

しばしば柳の枝を持っている姿で描かれる。菩薩はその枝で、苦悩する衆生に「甘露」を恵むのである。中国では、この菩薩は観音「観世音の略称」と呼ばれ、その姿は男性とも女性ともつかない「菩薩は男女の性を超えた存在とされる」。とくに治癒とのつながりが深く、柳の枝で「病苦にあえぐ者に生命の蜜」をたらす。[20] 観音はまた、水を入れる「クンディカ」という容器（水瓶《すいびょう》）をたずさえていることが多い。これは仏教儀式で特定の場所を聖別したり、ほかの浄めをおこなったりする場合に用いられるもので、[21] 外側の注ぎ口から水を入れ、首の長いほうから水をまく。こうした水入れにはしばしば柳が描かれている。12世紀の朝鮮でつくられた青磁（図版参照）は、淡い緑が美しく、透明感があり、釉のひび模様が水面のさざ波のように見える。容器の片側には泳ぐカモが、もう一方には柳が描かれている。

柳で水をまいて回復を願う文化は、日本の先住民族アイヌにもあった。日食が起こると、アイヌ

クンディカ（注ぎ口つきの水入れ）。1150～1200年頃。炻器《せっき》に青磁釉《せいじゆう》をかけたもの。表面に割れ目のようなひび模様が見える。高さ35.5センチ。

の人々は柳の枝を水に浸し、消えた太陽に向かって水を振りかけ、ふたたび顔を出してくれるようにと願った。[22]また、柳の木幣《もくへい》［木の棒を削って御幣のようにしたものでアイヌ語ではイナウという］を神々への供物とした。[23]神道でも柳でつくった神具が数多く使われる。古代の日本では、柳を髪飾りにしたり、行事のときにかぶる冠に柳の枝をさしたりして幸福を祈った。平安時代後期の11世紀に書かれた造園書によれば、柳はあらゆる庭園に適しているが、とくに池に配すべしという。柳には水霊が宿るとされたからだろう。それと同様の理由から、一般社会でも柳と名水をむすびつけ、井戸の近くに柳を植えた。平安時代（７９４～１１８５年）の小正月の行事では、少々手荒い縁起事に用いられ、結婚してもなかなか子供ができない女性の腰を柳の棒で打った。記録によると、乱打されて命を失いかねない場合もあったようだが、時代を経るうちにわいわい楽しむ遊びとなり、「ポン」と打つ程度になったらしい。[24]

　洋の東西にかかわらず、柳は予言から夢解釈まで、占いに用いられた。ヘロドトスによれば、南ロシアの草原に強大な騎馬遊牧民国家を築いたスキタイの占い師は、柳の枝を使って未来を見た。呪文を唱えながら柳の棒の束を地面におき、1本ずつならべたあと、ふたたび集めて束にしたのだという。[25]やはり騎馬遊牧民のモンゴル人とその祖先も柳で占っていたから、[26]易占《えきせん》に用いる筮竹《ぜいちく》［50本の細い竹の棒］のもともとは、筮竹の「筮」、すなわち「筮《めどき》（ノコギリソウ）」の茎ではなく、柳の枝だった可能性がある。16世紀に夢占い全書を書いた陳士元は、「長い柳の方法」という昔の占術について述べているが、詳細は今に伝わっていない。[27]柳は、夢をふるいにかけることにも一役かったらしい。アメリカ先住民族には、柳の輪に植物繊維からつくった撚り糸をクモの巣状に張り、ドリームキャッチャーにする習慣があった。作り方をオジブワ族に教えたのは、アシビカーシという「クモ女」だとされている。そのお守りを子供の寝床や背負子に下げておくと、ふるいの役目を果たして、悪い夢は引っかかり、よい夢だけが運ばれるのだという。[28]

中国では、柳には魔除けの力があると信じられていたため、毎年の清明節［4月5日前後で24節気のひとつ］に先祖の墓参りをするとき、柳の枝を束ねたものを小箒《こぼうき》にして墓掃除をしたり、邪気をはらうために墓の上においたりした。また、参拝者は柳の枝を輪に編んだものや、小枝を身につけた。[29]

柳が広く死者と喪にむすびついていたことを考えれば驚くにあたらないが、柳は世界各地の文化で、葬送の儀式や副葬品に用いられてきた。石器時代の埋葬地からは柳の葉の形をした矢じりが見つかっているし、古代エジプトの墓に眠るミイラは柳の葉の冠と環で飾られていた。[30] 葬送儀礼では、柳は激烈な感情の吐露に使われることもあった。埋葬の日、かつてアメリカ先住民オマハ族の若者たちは前腕に2本の切りこみを平行に入れ、「柳の枝の茎」を差しこんで「傷のあいだの皮膚を持ちあげた」。会葬者の涙のように枝をつたってしたたり落ちる血は、遺族への深い哀悼のしるしだった。[31] 時と場所が変わると、柳の役割はもう少しおだやかになる。18世紀の終わりにさしかかる頃、アメリカのニューイングランド地方［東海岸のマサチューセッツやメインなどの6州］では、墓石に死者の灰を入れる壺と柳を刻むのがはやりはじめ、19世紀のヴィクトリア朝時代に一般化した。故人の名前を壺に刻んだものもあるが、大半は空白のままで、普遍的な死と哀悼の象徴として埋葬者の名前と生没年の上に鎮座している。[32] 同時代のイギリスの服喪のジュエリーでも、柳と骨壺のデザ

死者の灰を入れる壺と柳の意匠を刻んだ墓石。いずれも1790年代のもの。グラナリー墓地とキングズ・チャペル墓地、マサチューセッツ州ボストン。

インはよく使われたが、銘が入っていたり、ときには故人の髪をおさめたりして、個人的な色彩が強かった。

墓石や服喪のピンに描かれた柳は、悲しみのしるしであると同時に、死後の世界のシンボルである。とはいえ柳と死の関係は、かならずしもよいものとはかぎらない。中国人が柳には魔除けの力があると信じていたのに対し、[33]ヨーロッパでは、柳はイエスを裏切ったユダが首を吊った木とされることが多く、「みょうにやすらかな枝の揺れで人々を惑わし、自殺に誘うために悪魔が植えた」との俗説があった。[34]家から追い出された霊は柳のなかに逃げこむことができたし、お化けやポルターガイスト「物を動かしたり不気味な音をたてたりする騒霊」は木の洞《うろ》、とくに柳に棲息すると広く信

1787年製の服喪のピン。金と象牙にエナメルをかけてあり、ガラスの下の絵は水彩である。2.8×1.7×0.6センチ。

じられていた。また、樹皮を剥ぐと木に宿る精を傷つけるとする地域もあった。昔のドイツが「森の冒涜」に下した罰は壮絶だ。柳の樹皮を剥いだ者は内臓を取り除かれ、傷ついた幹をその臓物で巻いたのである。[35] 18世紀ドイツの植物学者ヨハン・フリードリヒ・グメリンは柳の使用法について、どう考えても科学的ではない説を提唱したが、きっと柳には邪悪な精が宿りうるという俗説に影響されたのだろう。グメリンは柳を墓地と町のあいだに植えれば、「墓地から流れでる有毒な気体を吸収」させることができると述べた。[36]

柳に存在する暗黒面は、「魔女（witch）」「魔法使い（wicca）」「邪悪な（wicked）」「柳の小枝（wicker）」という言葉が密接につながっていることからもわかる。古期英語では男の魔法使いを「wicca」、女の魔法使いを「wiccan」という。柳の小枝「wicker」は、デンマーク語で柳を意味する「vigger」に由来するが、この言葉は動詞の「曲げる（viker）」（古期英語では「譲る、退く（wican）」にあたる）とも関係している。[37] 柳のしなやかさは、こうしたつながりを経て、しだいに危険な、魔にもなりうる性質を獲得したのである。迷信や民話からは、柳と魔術の深いつながりが見てとれる。柳は「魔女が会合したり、棲んだりする場所」と信じられた。ドイツのことわざは次のような警告をしている。

真夜中と夜明けのあいだの時間に、人里離れた土地を歩くときは、そして柳の林から誘惑の声や笑い声が聞こえるときは、気をつけなさい。『パルツィファル』に出てくる魔女クントリーがそこにいるのだから。[38]［中世ドイツの叙事詩『パルツィファル』をもとにワーグナーのオペラ『パルジファル』がつくられた」

「魔女の木」である柳は、魔女の箒の材料とされた。猫が魔女の眷属《けんぞく》［侍者や従者］と位置づけられたのは、ネコヤナギの尾状花序からの連想といわれる（英語のプッシーウィロー［ネコヤナギ］pussy willow の pussy は子猫の意、尾状花序はキャトキン cat-kin という。この直接的な言葉のつながりはほかのヨーロッパ言語でも認められ、フランス語もドイツ語もそれぞれ「シャトン chaton」「ケーツェン Kätzchen」と尾状花序に猫の語を冠している）。

20世紀でもっとも有名な（架空の）魔女のひとり、「バフィー・ザ・バンパイア・スレイヤー」［アメリカのテレビドラマ『バフィー～恋する十字架～』の主人公］の親友の名前が「ウィロー」なのは、偶然ではない。彼女は魔術の勉強をたびたび「発芽」と表現し、そのキャラクターは自分の名前である樹木と同じく、新生と交雑の連続といっていい。登場人物のなかでいちばん変幻自在なウィロー・ローゼンバーグは、ユダヤ人で異教徒、異性愛者でレズビアン、純真で邪悪、黒魔術師で生命の女神だ。ウィローが破壊的な黒魔術にとりつかれるのは、のちに光り輝くホワイト・ウィローに転生するために必要な試練なのである。彼女の倫理、肉体、アイデンティティは、ほかの誰よりも流動性が高い。彼女だけに世界を救う力がそなわるのは、身をもって「死のなかの生」と「人間性にひそむ怪物性」を体験するからである。[39]

魔女が恐怖であると同時にはぐくむ能力を持つ存在ならば、そのほかの柳の女たちも同じだろう。それは古今東西の民話が示している。日本には、次のような伝承がある。妻をなくした父親が赤ん坊の女児を連れて柳の木のそばに行ったところ、どこからともなく美女——柳の化身——が現れて、赤ん坊に乳を与えてくれた。その子は成長して母となったが乳が出なかったので、昔自分を育ててくれた柳のところへ連れていき、乳をもらったという。[40] チェコには、人間と結婚して子供をもうけた柳の精の話がある。彼らは幸せに暮らしていたが、じつは妻である柳の木を夫が切り倒したたん、妻は死んでしまった。夫がその木からつくったゆりかごには、赤ん坊を優しくあやして静かにさせる力があった。やがて大きくなった子供は、かつて母親が宿っていた木の切り株から生えてきた枝でパイプをつくり、それを介して亡き母親と会話をかわすようになった。[41] 北米南西部の先住民ユマ族（公式にはクチャン族）の伝説によると、太陽（女性）は自分が水浴びする水辺に生えていた柳の木から2本の笛をつくった。太陽が産んだ双子は、大人になるとその笛を吹いて女性を誘惑した。[42]

柳は音楽の木として知られている。少なくとも1000年前から柳で管楽器や弦楽器がつくられてきたが、つねに風にそよぐ葉のささやきのように心地よい音を奏でたわけではない。その好例が、イギリスの「ホウィット・ホーン」だ。19世紀なかばまで、イギリス南部オックスフォードシャー州の村々は、「ホウィット・マンデー」（復活祭後の第7日曜日にあたる聖霊降臨日［ペンテコステ／ホウィット・サンデー］の翌月曜日）に「ホウィットの狩り」をして祝った。その日、住民は雄ジカを狩って食べることが許されたのである。狩りの開始を告げるのが、ホウィット・ホーンの響きだった。これは「ピーリング・ホーン」とも呼ばれる漏斗状の楽器で、長く剥いだ柳の樹皮を巻いて棘で留め、先端に柳の樹皮のリード（楽器を鳴らすための薄片）を取り付けたものである。[43] フ

ホウィット・ホーン。オックスフォードシャー州ウィットニーのもの。1890年代頃。

ランスやクロアチアでは、同様の樹皮製の楽器を聖霊降臨祭で用い、行列の先頭で吹き鳴らした。[44] スイスでもその習慣があった。[44] イギリスのホウィット・ホーンを何点か集めたオックスフォード大学ピット・リヴァーズ博物館の初代館長ヘンリー・バルフォアは、「楽器というより騒音を出す装置」と評している。[45]

羊飼いがよく吹いていた柳の笛はもっと響きが美しく、やはりボヘミアの聖霊降臨祭や、フランスの五月祭に使われた。[46] しかし柳製の木管楽器で最上の調べを奏でるのは、北欧のものである。高木や低木の柳でつくる横笛（ノルウェーでは「セリエフロイテ selje-fløyte」、スウェーデンでは「セリフロイト sälgflöjt」という）は、もともとは牧夫が春や初夏に吹く笛だった。それはごく簡単なつくりで、ある程度の長さに切った柳の枝から樹皮をくるりとはずして丸め、細くて長い筒状にする。上端に近いところに吹き口となる切れ込みを入れるだけで、指穴はない。樹皮はそのうちに乾いて割れてしまうので、この素朴な笛は数週間しかもたなかった。息を吹きこむ強さをさまざまに加減し、筒先の穴を指で開けたり閉じたりして演奏するセリエフロイテは、高く震えをおびた倍音を奏で、その音は鳥のさえずりを思いださせる。北欧では現在も大切にされている民族楽器だが、最近の「柳の笛」は長持ちするようにプラスチック管でつくり、ナチュラルな風合いを出すために樺の樹皮を表面に巻くのが一般的だ。[47]

柳でつくった伝統的な楽器のうち、もっとも洗練されているのは初期のアイリッシュ・ハープである。アイルランドやスコットランドはゲール語圏であったことから、ゲーリック・ハープと呼ばれることもある（アイルランドでは「クローシャック cláirseach」、スコットランドでは「クラルサッハ clàrsach」という）。ギネスビールのロゴになっているので、どのような形をしていたかはすぐにわかるだろう。このアイルランドの竪琴は金属製の弦を用い、1本の柳の木をくりぬいたものを共鳴箱［音を大きく響かせるための装置］にする。荒涼とした野性味を感じさせる柳の笛に比べると、アイリッシュ・ハープの音色は哀愁をおび、どこか飾らない優雅さを秘めている。憂いを含んだ旋律の鍵となるのが、柳という素材だ。樫などのかたい木であれば、金属弦は強く張りつめたままになってしまうが、柳は丈夫でありながら比較的やわらかく柔軟性のある硬材なので、ぴんと張った弦の音をまろやかにする。ほかの材質だったら、金属弦はもっと澄んだ高い音を出すだろう。この組み合わせから生まれる芳醇な響きが旋律を支え、竪琴をたずさえる昔ながらの歌い手の友となったのである。

中世のアイルランドとスコットランド高地では、柳の竪琴は修練を積んだ宮廷ハープ奏者によって演奏され、おもに詩の朗読の伴奏に使われた。ルネサンス時代には、こうした音楽家は遠い異国まで旅をし（エリザベス1世もアイルランドのハープ奏者を雇った）、それは貴族階級が宮廷音楽家をかかえる財力がなくなるまで続いた。16世紀から17世紀を通じて、旅のハープ奏者はヨーロッ

盲目のハープ奏者パトリック・クイン。アイリッシュ・ハープ協会に所属していた。銅版画、下絵イライザ・トロッター、1905年。

パ各地をまわったものだ。18世紀後半の盲目のハープ奏者パトリック・クインが川のほとりの苔むした石に座り、鬱蒼と茂る木の下でハープを奏でているロマンティックな肖像画がある。彼が弾いているのは、16世紀から18世紀にかけて製作されたという、美しい彫刻をほどこした「オトウェイ・ハープ」で、現在はダブリン大学トリニティ・カレッジが所蔵している。楽人と竪琴を主人公としたこの絵からは、なぜかしら挽歌の響きが流れてくるように思える——というのも19世紀前半には、初期のアイリッシュ・ハープはほとんど使われなくなってしまったからだ（19世紀に開発されたものは初期のハープとは構造がかなり異なる）。その人気が復活したのはここ数十年のことであり、博物館の収蔵品をモデルに複製品がつくられている。[48]

　初期のアイリッシュ・ハープは、歴史上のさまざまな時期にイギリス支配への抵抗とむすびついてきた［竪琴はアイルランドの伝統的な紋章であり、現在も国章に使用されている］。こうした純粋な象徴としてだけでなく、柳は別な面でも政治と強くかかわっている。政治的な意味合いにおいては、柳は和解と決裂のしるしとなり、また公正と専制の両方をあらわす。アメリカ先住民は和平交渉などに際して「カルメット」（平和のパイプ）という儀式用のパイプを回し飲みし、誓いを立てた。タバコの葉にはレッド・ウィローの樹皮のほか、柳の葉の乾燥粉末などが使われた。[49] 別の文明圏でも、柳は同盟や権力の象徴として用いられている。12世紀から15世紀にかけて、スコットランド諸島の支配者（「島嶼部《とうしょぶ》の王」と呼ばれた）は、磨いた柳の枝を「正義の笏《しゃく》」として用い、正義を宣告するときに掲げた。[50]

　中国では、柳はしばしば善政のイメージに重ねられた。紀元前10世紀から紀元前7世紀頃の詩をまとめた中国最古の詩集『詩経』には、人々がその下で憩いたがる「菀《うつ》たる柳」という表現があり、偉大な王権の比喩となっている[51]［この解釈とは反対に、菀は枯れ病をあらわしており、「政治は枯れた柳のように病み衰えているから身を寄せてはならない」という意味だとする説もある］。また、宮廷の庭園や苑に欠かせない木であったことから、「帝室の柳」「官吏の柳」と呼ばれたりした。[52]満州族が1644年に中国を征服して明朝支配の幕を下ろしたとき、彼らは柳を象徴のみならず、想像を絶する規模で実用に役立て、新王朝である清の権威をかためた。清朝は中国の北東部に、なんと全長1000キロにわたって柳を植えたのである。「柳条辺牆《りゅうじょうへんしょう》」と呼ばれるこの防衛線は、樹木版「万里の長城」といっていい。

満州族は中国の少数民族だったが、初期の反乱を平定したあとは国家に空前の経済発展と繁栄をもたらし、モンゴルやチベットなども版図に加えて広大な領土を獲得した。支配層である満州族は漢民族の文化を柔軟に取り入れ、モンゴルの諸侯と同盟をむすび、帝国を官僚機構で統一したが、彼らが誇る勇敢な草原の民としてのアイデンティティはどうしても守りたかった。そこで1644年から1680年代にかけて、父祖の地満州との境界に堀をつくって土塁を築き、その上に柳を植え、枝と枝をむすびあわせて長大な生け垣を構築したのである。この帝国内部の柵には一定間隔で守衛門をもうけ、モンゴル人、満州族、そして満州族と漢民族が一緒に住む3つの地域を厳密に区別した。柳の壁は2世紀以上も維持されたが、物理的というよりも心理的な抑制効果のほうが大きく、清朝の発展と文化的な融合にともない、しだいに必要性を失った。[53]

清朝初期に活躍した画家で文人の龔賢《きょうけん》は、明朝に忠誠を尽くした遍歴の人だった。龔賢は優美

中国の地図上に示された「柳条辺牆」の詳細。リゴベール・ボンヌ「最新世界地図 Atlas de toutes les parties connues du globe terrestre」（ジュネーブ、1780年）より。小さな木々を配した線が東西に広がり、遼東半島および北方のモンゴル人と満州人の居住地域を仕切っているのがわかる。

なシダレヤナギなど人の手が加わった柳ではなく、荒野のきびしい環境にさらされ、誰にもかえりみられない名もなき柳を描いて、その姿に漂泊の境涯を重ねあわせた。17世紀のなかばに描いた柳の連作と詩では、荒涼とした湿地帯で生きるほかはない柳に自分の悲哀、苦しみ、抵抗を託した。龔賢には、ありうべからざる満州族支配のせいで漂泊の憂き目にあった自分やほかの人々が、「平民の身分に落とされ、移り変わる運命の風に翻弄され、人間の活動の域外に追いやられた」、見捨てられた柳に見えたのである。[54] ここでいう「域」、すなわち境界は、文字どおり彼をしめだすために新帝国が植えた柳の柵をさしている。しかし第4代皇帝の名君康《こう》熙《き》帝は、「侵略者や外国支配の象徴たる樹木のイメージをやわらげるための努力を重ねた」ので、康熙帝の治世にはふたたびシダレヤナギの画が描かれるようになった。[55]

柳はよく刈りこまれる。「幹まで刈りこんだ木 pollard（ポラード）」という言葉は、てっぺんや頭を意味する近世オランダ語「poll」に由来する。現代英語の動詞「poll」には、頭数や人数を数える、投票する、首をはねる、樹木の枝先を刈りこむなどの意味がある。刈りこんだ木と民主主義や斬首との意外な関連性は、フランス革命（１７８９～99年）を想起させるかもしれない。どういうわけか、ルイ16世一家の悲運を嘆く革命当時の印刷物の多くには、生い茂ったシダレヤナギの大木が悲しみのシンボルとして登場する。それはおのずと刈りこまれた柳を思いださせ、取り返しのつかなさをひしひしと感じさせる。１７９３年頃に製作された銅版画「不思議な骨壺」は、画面中央に煙を漂わせる骨壺とシダレヤナギを配したもので、一見したところはふつうの喪の絵と変わらない。しかしじっと眺めているうちに、柳の葉のなかと骨壺の輪郭に浮かんでくるものがある。骨壺の両側の空間に現れるのはルイ16世と王妃マリー・アントワネット、その上の樹木にいるのは国王夫妻の子供たちだ。柳の葉が髪の毛にも、したたり落ちる血のようにも見える。[56] 悲しみに打ちひしがれる女性はフランス国家の表象であり、柳は断頭台の露と消えた君主らを追悼すると同時に、その不在をあらわにしているのである。

フランス革命に対するイギリスの反応はさまざまだった。たとえば、ホイッグ党の急進的政治家チャールズ・ジェームズ・フォックスは革命派を支持したが、同じホイッグ党の友人エドマンド・バークは真っ向から否定した。ふたりの論争は１７９１年5月6日の議会で頂点に達し、怒りくるったバークが議場を横切って政敵トーリー党の席に座るや、フォックスは折れて涙にくれた。[57] その１週間後、フォックスをシダレヤナギになぞらえた風刺画が登場した。とめどなく落ちる涙が白いク

ピエール＝ジャン＝ジョゼフ＝デニ・クリュセール「不思議な骨壺」1793年頃、点刻銅版画。

ラバット［当時の男性が首に巻いて端を垂らしたスカーフ状の布］をしとどに濡らし、足元で池をつくり、そして両腕を十字架上のキリストのように左右に広げた姿は、彼のユダである裏切り者バークを指弾している。

宗教儀式とも政治のドラマとも無関係に思えるかもしれないが、イギリスの伝統球技クリケットでも、柳はそれぞれの立場を鮮明にして儀式を執りおこなう道具となる。たんに「ヤナギ」と呼ばれることが多いクリケットバットは、サリクス・アルバ（セイヨウシロヤナギ）から入念につくられる。まず、木の幹をくさび状に分割したあと、木目がまっすぐな板をたくさんとれる形状に木材をカットする。クリケットバットは舟の櫂に似た形をしていて、平たい面で球を打つからだ。木材はバット状に形をととのえられ、プレス加工をほどこされる。[58] 現在、伝統的な製法でセイヨウシロヤナギからバットをつくる熟練職人は一握りしかいないが、プロのクリケット選手は彼らの高価な「ヤナギ」を選ぶ。

歴史的に、クリケットは階級、人種、民族の闘争の場となり、それを昇華するスポーツとしての役割を果たしてきた。ヴィクトリア朝時代、西インド諸島からシンガポールまでのクリケット場では、「紳士と選手、原住民と支配者の階級と人種の違いは、柳と革で一掃されるはずだった」[59]。イギリス人入植者は原住民にクリケットを理解する能力があるかどうか疑念をいだき、このスポーツを「文明化」の手段のひとつにしようと考えていたが、その目論見ははずれた。たとえば、南太平洋のトンガでは（1970年までイギリス保護領だった）、あまりに人気が出たので、政府は1週間のうちクリケットができる日数を限定しなければならないほどだった。原住民はクリケットに「ほ

「政治的なシダレヤナギ」1791年、手彩色銅版画。

とんどすべての時間を捧げて打ちこみ」、60人編成の試合を何週間も続けておこなうことさえめずらしくなかったからである。[60] さまざまな現地リポートが報じているように、原住民はやがて「一流のクリケット選手」になり、島に寄港する「あらゆる軍艦のイレブン」を手玉にとった。[61] 19世紀のイギリス人探検家ヒュー・ヘイスティングズ・ロミリーが、この状況をうまくいいあらわしている。「われわれは彼らに試合の仕方を教えてやると公言して島に来たが、どれほど負けたかはちょっと口にできない」[62]

この「大英帝国の競技」には「入植者が植民地支配を確立しようとするなかで起きた、アイデンティティの探求にほかならない」面があったといわれる。[63] どちらも互いに影響を及ぼしあい、柳のバットを巧みに操る被植民者たちは競技の歴史、スタイル、重要性を変容させていくことになる。イギリス直接統治下のインドでは、ナワナガル藩王国の王子［実際は嫡子ではなかった］のランジットシンジがイギリスに渡り、クリケットのイングランド代表選手として活躍した。バッティング技術の「レッググランス［足もとに来た球を後ろへそらす打ち方］」の確立に貢献したのが彼である。[64] 南西大西洋のトロブリアンド諸島（パプアニューギニア東端の北方にある群島）の人々は、競技のルール、道具、形式を完全に自分たち好みに変えてしまった。太平洋ではトンガの試合法が大人気だったため、みんながトンガ・スタイルをまねて試合にのぞんだ。[65] トンガのクリケット選手は正式とされる白ではなく、折衷的なユニフォームを身につけた。西洋のシャツに伝統衣裳のトゥペヌ（巻きスカート）を合わせたのである。この折衷様式は今日まで続いている。もはやさまざまな意味で白ずくめではない。白い顔、白いユニフォーム、白いバットだけで構成された従来のイギリスのクリ

トンガのクリケット・チーム。1880年代。

ケットは、多様な伝統を持つ選手たちと色あざやかなユニフォームに道を譲った。柳のバットも黒や色とりどりの図柄で飾られている。

さて、神話、魔術、宗教、政治のすべてがからみあって生まれる行為を考えることでこの章を締めくくろう。柳の祭儀の長い歴史のなかで、これは特異な位置を占めている。ウィッカーマン（枝編み細工の男）の創造である。ケルト民族の司祭階級ドルイドが人型の檻ウィッカーマンに人身御供を入れたという記述は、紀元前50年代にユリウス・カエサルが書いた『ガリア戦記』にさかのぼる。そのなかでカエサルは、ガリアの民（ケルト人）が神々を慰撫するためにおこなった「公的な」生贄の儀式について述べている。ドルイドがおこなう祭儀とは、「枝編み細工の巨大な像の四肢に生きた人間を詰めこみ、火を放つ。生贄たちは炎につつまれて焼き殺される」[66]といったものである。ふつう、生贄に選ばれるのは犯罪者だったが、人殺しや盗人がいないときや人数がたりないときは、罪のない人々さえ犠牲にされた。だが、カエサルが報告した柳製の巨大な生贄用建造物の存在を裏付ける考古学的資料は見つかっていない（ただし、ドルイドが人身御供の儀式をおこなったのは事実らしい）。歴史家は、この衝撃的な祭儀はカエサルがガリア戦争を正当化するためにこしらえた架空の出来事ではないかと疑っている（つまりカエサルは、これほど野蛮なガリア人やブリトン人にはローマによる文明化が欠かせなかった、とほのめかしているのである）[67]。

ストラボンやディオドロスなどの古代の歴史家たちはカエサルの話を収録したが、1676年にイギリスの古物研究家エイレット・サムズが『古代ブリタニア図解 *Britannia Antiqua Illustrata; or, The Antiquities of Ancient Britain*』を発表するまで、この祭儀は描かれることも、研究の対象になることもなかった。サムズはカエサルの記述をほぼ引用しながらも、構造については「巨人像の四肢はかご細工のように編みこまれている」、犠牲者の悲惨な末路については「煙と炎のなかで哀れな人々は焼きつくされた」と、独自の注釈を付け加えている。さらに、「この習慣の奇怪さ」を考慮すれば「全体像を示すのはまちがっていない」として版画の想像図を加え、それは後世のあらゆるウィッカーマン像のモデルの役割を果たすことになる。サムズは、こういった異常な儀式が誕生したのは歴史的な出来事、それも「大事件」がきっかけになったに違いなく、「像の巨大さそのもの」が起源を探る手がかりになるのではないかと考えた。サムズによれば、それはブリトン人やガリア人に比べると格段に体格がよく、侵略によって彼らを奴隷にした古代海洋民族フェニキア人が像のモデルだろうという。おそらく「かつて耐え忍んだ奴隷の境遇への民族的嫌悪」が根底にあり、それが

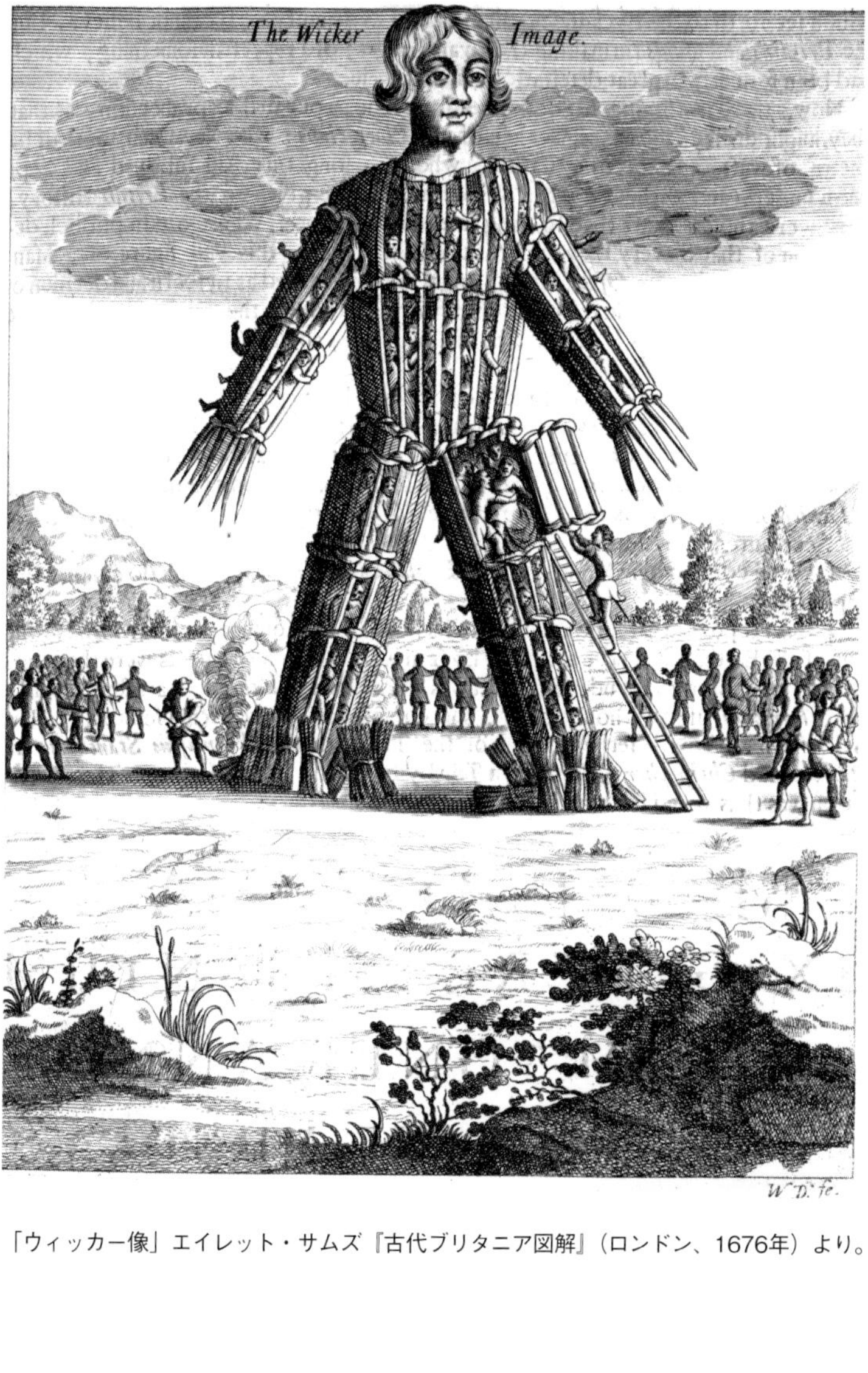

「ウィッカー像」エイレット・サムズ『古代ブリタニア図解』（ロンドン、1676年）より。

「もはや彼らを支配する力など持たない、〔フェニキア人を〕嘲笑して愚弄するために柳で編んだ巨大な人形をこしらえ、それをつくったそもそもの理由は（よくあるように）忘れ去られたが、表象だけが残ったのだ[68]」。ドルイド僧に対するこのユニークな心理学的考察が、サムズの想像図の個性につながった。歴史家のロナルド・ハットンがいうように、著者にはどこか「ドルイド僧の擁護者[69]」のおもむきがある。その挿し絵は、想像の産物であるにしろ、後世のものに比べるとはるかにおとなしい。

サムズの柳の「人型」は、明るい色の髪をきちんと整え、落ち着いた視線を遠くへすえている。顔と首は均整がとれており、不自然なところはない。身体の残りの部分はすっきりとした左右対称に位置し、柳の檻の「格子」はどれも平行にはめられていて、両足のまわりには藁の束が立てかけてある。たしかに暴力の気配――太腿部分で争っている男女と左の足もとから立ちのぼる煙――は存在するが、画面全体からはむしろ整然とした印象を受ける。太腿部分で争う男女の姿は、イタリアの彫刻家ジャンボローニャの傑作「サビニの女たちの掠奪」（1579～83年制作）の構図に通じるものがあり、この古代ブリタニアの祭儀と、古代ローマがみずからの必要性のためにおこなった暴力行為との共通点を浮かびあがらせる。前景の草むらと岩は、現在と当時が時間的に隔たっているのと同じように、わたしたちとこの光景を空間的に隔てているので、これを冷静に、少なくとも無慈悲な野蛮行為としてではなく、秩序ある人々の文化的慣習として理解しようとしながら眺めることができる。

しかし後世になると、この行為に対する人類学的考察は影をひそめた。隷属からの解放を祝うという視点は消え去り、異教徒の邪悪な儀式としかみなされなくなった。若かりし頃の急進的なロマン派から生粋の保守派に転向した詩人ロバート・サウジーは、1824年に発表した教会史で古代ブリトン人について論じている。サウジーは彼らの性習俗を「その偶像崇拝」と同じくらい「悪質」と考えており、想像の翼を広げて、ドルイドがウィッカーマンを燃やす儀式などでは、罪のあるなしにかかわらず犠牲者たちが死の罠に「閉じこめられて」いるあいだ、「植物の藍色染料で肌を染めた裸の女たち」が儀式を手伝うとした。[70] 1832年の「サタデーマガジン」にサウジーの文章の抜粋とともに掲載された挿し絵は、文章に臨場感を与えようとしている。[71] 巨人像は画面にぬっと立ちはだかっているため、枝編み細工のなかに無造作に詰めこまれた大勢の犠牲者の顔が否応なく目に飛びこんでくる。一方、前景にいる半裸の女性たちのひとりは、まもなく焼かれてしまう人身御供を見るに堪えないようすを示しており、読者が感じるに違いない嫌悪感を代弁している（とはいえ奇妙なゆとりがないこともない——生贄としてはまだ残酷度が低いように感じるからだ）。ウィッカーマンのつくりは、サムズ版よりもあきらかに粗野で粗雑だ。その虚ろな目、仮面のような顔、正面にかまえた姿勢は、作り手の「原始的な」次元を映しだす。画面下の左右にいる長衣の人々や、地上を覆う影は、この儀式が異教の暗闇のなかでおこなわれていることを告げている。

「サタデーマガジン」の挿し絵は、1830年代以降の週刊誌にさまざまな形で使いまわされた。人類学的見地からまとめられた記事ではなく、煽情的なものがほとんどだった。フランスの雑誌「マガザン・ピトレスク」は、ドルイドが「忌まわしくも人間を焼いて供物にした」という証拠はないとしながらも、こういったぞっとする話は眉唾物だと思いたいだろうが、「最近の異端審問の残酷さ」

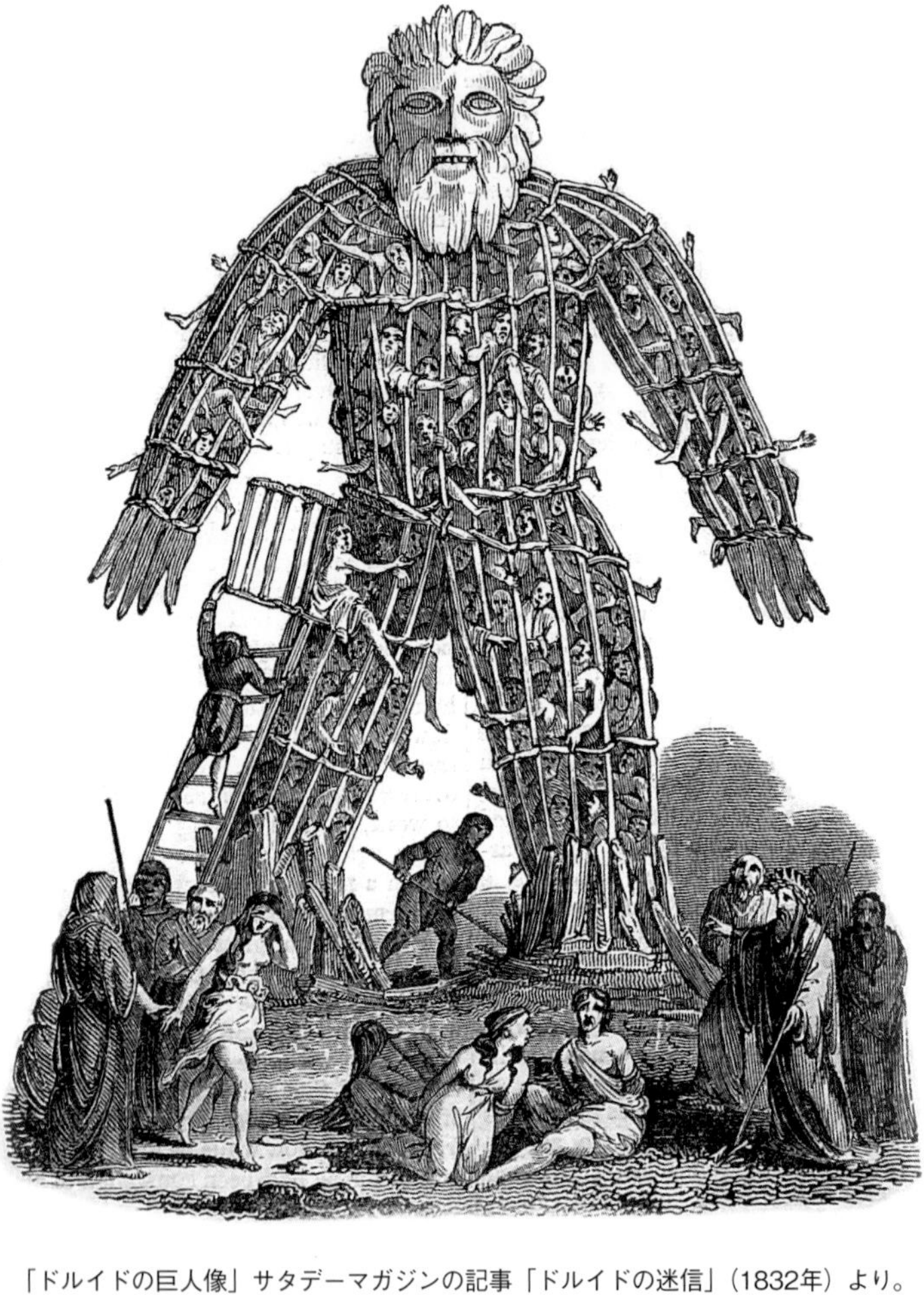

「ドルイドの巨人像」サタデーマガジンの記事「ドルイドの迷信」(1832年)より。

燃えるウィッカーマン。映画『ウィッカーマン』（1973年）の一場面。

は「罪深き人類が罪を犯す」ことの証にほかならないと述べるにとどめている。[72] イギリスの子供向け宣教雑誌も挿し絵のイメージを十二分に活用し、ドラマティックな明暗法でむごたらしい場面を（もちろん裸の女性抜きで）再現した。[73] そのうちにドルイドの邪悪な枝編み細工は視覚文化からほぼ消え失せるが、1973年のイギリス映画『ウィッカーマン』――現在はカルト映画の古典とされる――によって大衆的イメージを獲得することになる。

映画は古代文化についてのドキュメンタリーという体裁をとり、スコットランド・ハイランド地方西部の警察に勤める厳格なキリスト教徒ハウイー巡査部長が、孤島のサマーアイル島で行方不明になったという12歳の少女の捜索にあたる。ハウイーは島内を調べていくうちに、淫らな異教の儀式を目撃し、自分自身も宿屋の魅力的な娘ウィローに誘惑されて困惑する。やがて島が凶作だったことを知ったハウイーは、行方不明の少女が五月祭で生贄にされるのではないかという疑念を抱く。しかしじつは、島民たちはハウイーを生贄にするために島へおびき寄せたのだった。映画の最後、島民はハウイーを裸にし、彼の両手を洗い、白い長衣を着せ、聖油を塗ってからウィッカーマンに閉じこめる。ハウイー巡査部長と動物を詰めこんだ巨人像に火がつけられ（図版参照）、島民が生贄のまわりで歌い踊るなか、殉教者ハウイーは彼の神に祈りを捧げる。映画はきわめて抑制がきいており、その恐怖があらわになるのは最後にウィッカーマンが登場してからだ。物語はそれまで、ゆっくりと必然的な結末に向かっていく。

『ウィッカーマン』は成功をおさめ、アメリカでリメイク作品（2006年）、イギリスで姉妹編（『ウィッカーツリー The Wicker Tree』2011年）が制作された。また、スコットランドで毎年開催されるオルタナティブ音楽祭「ウィッカーマン・フェスティバル」誕生のきっかけとなった「オルタナティブ音楽とは既存や主流とは一線を画した音楽のこと」。音楽祭は巨大な柳細工を燃やすことで締めくくられる。2011年のフェスティバルでは、多彩な活動を展開するシアターデザイナーのアレックス・リグと柳の彫刻家トレヴァー・リートが像をつくった。高さ15メートルもある像は人間の体に牡鹿の頭をのせたもので、映画のウィッカーマンや島民（動物の仮面をつけて五月祭に参加した）の姿に通じるだけでなく、水浴中の処女神アルテミスの裸身を見たために鹿に変身させられた狩人アクタイオンなど、神話における贖罪の物語を思いださせる。巨大な像を燃やすことには人を魅了する力があるのか、イギリスでは2001年に、地元の柳産業のシンボルとして南西部サマセット州のM5高速道路沿いにつくられたセリーナ・デ・ラ・ヘイ制作の「ウィローマン」（高さ12メートル）が燃やされる事件があった（のちに再建されている）。

アレックス・リグとトレヴァー・リート制作の「ウィッカーマン」(2011年)。
鋼鉄の骨組みに柳を巻いたもの。高さ15メートル。

一般的にはドルイドのウィッカーマンがもっとも有名だが、キリスト教であれ異教の祭儀であれ、柳の人形をつくって燃やすという伝統はヨーロッパに広く認められる。19世紀以前のフランスでは、夏至祭前夜に「マヌカン・ドジエ（柳の人形）」を燃やす習慣があった。夏至祭に欠かせない焚き火と同じく、悪霊をはらうためである。夏至祭以外のときも、同じような儀式がおこなわれることがあった。パリでは1643年まで、毎年7月3日に「ル・ジェアン・ド・ラ・リュ・オ・ウルス（ウルス通りの巨人）」という人形を燃やした。言い伝えでは、1418年に神を冒涜した罪で火あぶりになった兵士を記念する催しだとされる。もっともドイツの民俗学者マンハルトによればこれは作り話であり、夏至祭前夜に柳の人形を燃やすのは一般的だったものの、ウルス教区の行事はそこから逸脱していたため、聞こえのいい由来をこしらえたのだろうとしている。[74] スコットランドでは、12月29日に柳の人形を燃やしてホグマネイ（スコットランドで大晦日を意味する語）を祝う。一方、アイルランドはベルテーン祝祭――夏の到来を告げる五月祭――で焚き火を燃やした。人形を燃やす伝統はなかったが、民間伝承によると、ベルテーンの語源は「ベルの火」だという。「ベル」は古代シュメールの太陽神で、柳、月、冥界、水を司り「柳の母」と呼ばれる女神ベリリに取って代わった神とされる。[75] したがって、ベルテーンの火祭りは柳の奉納と考えることもできるだろう。

とはいえ、柳の人形であればかならず燃やされたわけではない。15世紀から17世紀前半にかけて、フランス王の葬儀には柳の人形が使われた。君主が死ぬと、亡き王の両手と顔の蝋模型を制作して、それを「衣裳係が使うマネキンのような」柳人形につけて豪華な服を着せた。[76] その後、この人形は公開安置され、葬送の儀式で重要な役割をになった。中世やルネサンス期では、生前の王にはふたつの身体があるとされていた。ひとつは滅びて土に還るもの、もうひとつは神から授かった王権を象徴する霊的なものである。王の没後、これらふたつの身体は分離する。亡骸は棺におさめられるが、柳人形は新たな王が即位するまで「国王陛下」として存在し続ける。王権の体現者たる人形は、生きている君主として遇される（16世紀のフランス王フランソワ1世の葬儀期間中、人形に豪勢な食事がだされたという）[77]。柳細工の身体のみが、「王は亡くなった。王様万歳（ロング・リブ・ザ・キング）！」という逆説を維持しえたのである［「人間としての王は死んでも王権は存続する」ということわざ］。

地域によっては、巨大な柳人形は昔から市民生活を大きくいろどってきた。フランスやベルギーには、柳人形が通りを闊歩する町が数多くある。たとえばフランス北部の港湾都市ダンケルクでは、1550年から毎年、春の訪れを祝うカーニバルで巨大な人形を擁したパレードをおこなう。この「ルーズ」（フラマン語［ベルギー北部（フランドル地方）のオランダ語方言の総称］で巨人の意）は北欧の戦士で名前をアローウィンといい、町の守護聖人によってキリスト教に改宗したあと、町の防備を固めるのに尽力したという。フランドル地方――ベルギー西部からオランダ南西部、フランス北東部にまたがる地域――の町は、昔はどこも一体かそれ以上の巨人人形を持っていたらしい[78]。モデルになるのはたいてい町の伝説上の建設者や守護者だったが、特別な出来事を記念したものもあった。フランス北部の都市ドゥエーは、1479年にフランス軍を撃破した歴史的勝利を祝い（当時はフランドル伯の領土だった）、7月7日にいちばん近い日曜日に「ル・ガイヨン（巨人）」という祭りをおこなう。はじまったのは、戦勝の翌年の1480年。パレードには巨大な柳人形一家――

ルイ・ワトー「ドゥエーの偉大な巨人一家」1780年、油彩、板。67×92 cm。

巨人とその妻、3人の子供たち——が登場し、町を練り歩く。人形の骨組みには、彩色をほどこした精巧な頭部と、動く腕がつけられ、美しい衣裳が着せられる。人形はたびたびつくりなおされており、ルーベンスが頭部の彩色をほどこしたこともあったという。[79] 第2次世界大戦後に制作された現代版の人形は歴史的な衣裳をつけているが、昔の巨人たちはもっと流行に敏感だった。1780年に描かれた柳人形たちは、18世紀の粋な装いをしている。こういったおしゃれな衣裳を着ていたのは、マヌカン・ドジエがドレスメーカーで日常的に使われていたせいかもしれない。首のない、仕立て用の籐製人形は1750年頃から使われはじめ、注文主のサイズに合わせて製作された。もちろん、当時のファッションリーダーのポンパドゥール夫人も持っていた。[80] 柳のマネキンはやがて詰め物をした人形に変わっていくが、それはおそらく、柳の分身が異教の祭祀や信仰を強く想起させることも理由のひとつだったのだろう。

アナトール・フランスの小説『柳のひとがた』（1898年）は、女性のおしゃれのための製品に神話や黒魔術、生贄の世界がひっそりと息づいていることを知らせる。物語は、地方都市の平凡な言語学教授ベルジュレ氏を中心に展開する。夫婦関係はつねにベルジュレ氏の悩みの種だった。ベルジュレ夫人は実家を鼻にかけて夫を見下しているばかりか、彼の狭くて書物でいっぱいの書斎に自分のマヌカン・ドジエ――柳のひとがた――をおいて動かそうとしない。ある日、ベルジュレ氏は愛弟子と夫人が密通している現場を目撃してしまう。自分の避難所である書斎に逃げこんだベルジュレ氏の目に、柳のマヌカンが映った。それを見るたびにニワトリを入れるかごや、古代人が生贄を閉じこめたという柳人形を思いだしたものだが、今となっては、それは自分を際限なく苛立たせ、閉じこめ、受難の日々を送らせる元凶、憎悪すべきグロテスクなベルジュレ夫人そのものに「見えてくる」。怒りの発作にかられ、ベルジュレ氏はマヌカンに躍りかかって締めあげ、「柳の胴を肋骨の軟骨のようにへし折り」、踏みつけ、「ばらばらにされてうめく」のをかかえて、窓から隣の桶屋の中庭に投げ捨てる。この爆発のあと、ベルジュレ氏は完全に妻を無視したので、ベルジュレ夫人は自分が「人にも、いや物の数にも」はいっていないように感じられてならない。隣人が見つけて届けてくれたマヌカンをベルジュレ夫人は、もはや夫が足を踏み入れない夫婦の寝室に置いておいた。それはまるで黒魔術の呪詛のよう――おしゃれの必須アイテムは等身大の呪い人形に変わってしまったのだ――ベルジュレ夫人は自分が徐々に死んでいく姿を目の当たりにしているような気持ちに襲われる。ついに、ベルジュレ氏は夫人を家から追い出すのに成功する。[81] フランスの小説に出てくる柳製品には、人とも物ともつかぬ曖昧性がある。次章で人間が柳製品をどのようにつくり、また柳製品によってどのように変わっていったかを見ると、こうした共生関係はよりあきらかとなるだろう。

第2章　柳細工

古来、柳は人間の文化に欠かせない道具や構造物の材料になってきた。矢、かご、蜜蜂の巣箱、ほうき、棺、料理用の深鍋、コラクル（網代舟《あじろ》）、ゆりかご、魚の罠、柵、家具、小屋、はしご、格子、楽器、網、旅行かばん、網代垣、穀物をふるい分ける箕《み》など、数えあげればきりがない。この章では、さまざまな柳細工についてみていこう。実用的なものもあれば、遊び心満載のもの、ときにはため息がでるほど美しいものもある。コミュニティや、芸術的創造のために制作された驚くべき建物も紹介する。

現存するなかで最古とされる織物に、紀元前９０００～８０００年頃の、柳の靭皮《じんぴ》（樹木の外皮のすぐ内側にあるやわらかい生皮）でつくられた漁網がある。フィンランドで発見されたものだが、デンマークでも前５０００年の漁網が発掘されている。[1] アメリカ先住民族の網や水筒からメソポタミアの棺まで、柳を用いたさまざまな古代遺物は、ヤナギ属の植物が生活にも象徴的な儀式にも欠かせないものだったことを物語っている。まずは、柳でかごをつくる物質文化についてみていこう。かご作りはおそらく、もっとも歴史が古く、もっとも広く普及した工芸で、狩猟採集生活から農耕牧畜生活への変化に、ひいては人間の文化や文明の発達に大きくかかわってきた。

かご細工は、紡織術と建築術を足して2で割ったようなものだ。鳥の巣や蜂の巣などの自然の技がそうであるように、かごも環境や目的に合わせてつくられるが、かごの作り手は用途や自分の美意識に応じて、形や模様を無限に発達させてきた。その昔、かご細工は日常の生と死にまつわるあらゆる場面で活躍した（棺〈コフィン coffin〉という言葉は、小さなかごという意味の古フランス語〈コフィン cofin〉からきている）。かごは、喜び、悲しみ、労働、娯楽についてまわるものだった。ここ数十年は、工芸品もしくは一種の芸術品という形でやや人気を取り戻しているものの、現代生活ではかご細工はわたしたちの意識の外に追いやられ、手作りの入れ物や運搬具は多くの国で大量生産されるプラスチック製品にとってかわられている。

柳はその柔軟性ゆえに、かご作りにおいてもっとも重宝される材料だ。愛好家によると、柳の「特性」はしなやかさにあり、「喜んでする willing」という言葉に由来する willow は、まさにかご職人のための素材であることを示しているのだという。[2] 柳の「友好性」を最大限に活用することで、職人はこのうえなく優雅で強度のある入れ物をつくることができる――そして、それが日々の営みを詩情豊かにいろどってくれる。ルーマニア出身の貴族マルト・ビベスコ公妃は、自伝的小説『イズヴォール――柳の里 *Isvor: The Country of Willows*』のなかで、母国の農民は丘で摘んだラズベリーを「柳の若枝で編んだ円錐形の緑色のかごに新鮮な葉を敷きつめて」運ぶと回想した。[3] そう――北半球では、どの文化にも手作りの柳かごがあり、形や色、匂い、使い方をみれば、その地の風景、季節、味、

アメリカ先住民パイユート族の水筒。1900年頃。柳と松脂。10.8×17.8センチ。

思い出がよみがえってくる。

アメリカ先住民は昔から、柳で運搬かご、採集かご、種子ふるい、帽子、ゆりかごをつくっていた。ドングリをじょうご型の臼（石の上に置いて木の実を砕く底のないかご）ですりつぶし、松の実を熱い炭と一緒にふるいかごに入れて炒り、料理用のかごでスープをつくった。柳をきつくよったり、とぐろ状に編んだりしたものに松脂《まつやに》を塗った水筒は、行動範囲を広げ、砂漠地帯での生活を可能にした。[4] アメリカ西部のグレートベースン地帯は、とりわけ上質な柳かご作りの伝統で知られている。初めの頃、職人は、柳の若枝をそのまま使って編んだが、熟練してくると、割枝や皮をむいた枝を組み入れるようになったほか、[5] 染色したり「日焼け」させたりして（日光は内皮をくすんだ茶色にする）、模様も入れるようになった。ときには、ほかの植物や羽根、貝殻、ビーズなども使って、見た

ポモ族のかご。1890～1910年頃。柳、二枚貝の円板、赤キツツキの羽根、ウズラの冠毛など。直径17.8センチ。

目にも豪華なものをつくり、儀式的な用途に使用したりもした。

柳は昔も今も先住民のかご作りに欠かせない基本材料だ。アメリカ西部で一般的におこなわれているかご編み技法のひとつ、コイリングは、おもに円や楕円を形づくるときに用いられる。底の中央から上の縁まで、基本となる骨格をらせん状に巻いてつくりながら、それを横糸でつなぎ合わせていく。液体を入れるものなら縫い方をきつくする。横糸に異なる素材を使ったり、あとから（刺繍のように）刺しこんだりすれば、容器に模様をつけることができる。コイリングかごの広まりは「カリフォルニア先住民の至高の芸術活動」と考えられている。[6] 現在では、民俗学や人類学上のコレクションとしてだけでなく、美術館にも展示され、コイリングかごの形態や模様は、実用性とともに芸術性も高く評価されている。

カリフォルニア州中央部に暮らすポモ族は、優美なかご細工で知られる。とくに羽根をちりばめた「飾り」

かご、あるいは「宝」かごは、先祖代々伝えられてきたもので、コレクター垂涎の的でもある。ポモ族はまた、種類の異なる柳や、いろいろな部位を用いて(繊細な細工には長くて細い根の部分、魚を捕るための簗《やな》には大きな枝など)、実用的な道具もつくった。[7] 日用品ばかりではなく、文字どおりゆりかごから墓場まで、人生のそのときどきに必要な――たとえば赤ん坊には、運んだり沐浴させたりするための――かごをつくった。ポモ族の宝かごのうち、19世紀末か20世紀初頭につくられたものはとくにすばらしい。黒ウズラの冠毛、赤キツツキの羽根、二枚貝の円板、ガラス玉が飾られ、ワラビとスゲで黒い模様が描かれている。材料だけを見ても、ひとりあるいは数人の作り手の作品への思い入れがよくわかる。貝を砕き、磨き、ふさわしい羽根をさがすのは、時間も手間もかなりかかるものだったろう。この小さなかごは丸く、口が広い。こぢんまりとして親しみの持てる形は鳥の巣やウリを想起させる。使われている素材の幅の広さ――植物のほかに、土、水、空の生きものまで――は、あらゆる世界の宝物入れにふさわしい、といっているかのようだ。実際、これ自体がひとつの世界を形成している。

伝統的な形や模様と深くむすびついた先住民のかご細工がある一方、独自の工夫を凝らし、異文化との出会いや新しい市場を力強く開拓したかご細工の歴史もある。その代表が、ワショ族の伝説的な芸術家ルイザ・カイザー(1829〜1925年頃)だ。ワショ族での名前は若い柳を意味するダブダといい、子供の頃にらせん型の柳かごのつくり方を覚えた。1895年から、ネヴァダ州カーソンシティのコーン・エンポリアム社をとおして作品を売るようになったが、やがてアメリカ先住民のかご細工の人気が高まるにつれて美術館や愛好家たちが熱心に収集しはじめると、芸術

ルイザ・カイザー（ダト・ソ・ラ・リー）作の「デギカプ」。1918年頃。柳、ワラビ、アメリカハナズオウ。24.8×36.8センチ。

性に焦点をしぼった新しいフォルムのかご「デギカプ」を創作した。小さな狭い底からだんだんふくらんでいって、4分の3あたりまでくると口にむかってすぼまっていく、ハート形の花瓶のようなかごだ。カイザーは3本の柳の枝でらせん状に編んでいき、ワラビとアメリカハナズオウをより継いで、金色の柳の地に黒や赤の模様を描きだした。

図版に示した1918年頃のデギカプは、彫刻的な形状と表面の模様が美しく、しかも有機的につながるカイザー作品の典型例といっていい。底のすぐ近くからはじまる装飾的な柱模様は3本ずつ4面に描かれ、赤と黒の三角形が交互にならんだ階段状のピラミッドから、炎や鉤爪を思わせる細い二等辺三角形が噴きだす図柄になっている。ピラミッドは、カー

かご用の柳の小枝を運んでくる農民。3世紀前半。フランス、サン・ロマン・アン・ジャルのモザイク。

ドゥニ・ディドロ編纂『百科全書』「科学と教養に関する図版」の「柳細工」（パリ、1772年）

ブの形状に合わせて、かごのふくらみとともに大きくなり、すぼまった口に向かってまただんだん小さくなる。3本のうち真ん中の柱は垂直で、左右の柱はかるく外側に湾曲しているが、これもたくましいかごの形を強調している。文字どおり造形的にもかごと一体化した模様のデギカプは、素朴な手法とシンプルな幾何学で、簡潔と豊潤、安定と力強さを同時に示す。この傑作は国の宝とも呼ばれており、[8]カイザーのかごは世界中で人気が高い。後年カイザーは、ワショ族の名前を彼女にふさわしいダト・ソ・ラ・リーに変えた。「ワショ族のかご職人の女王」という意味である。

ヨーロッパにも、かご作りの長い豊かな歴史がある。3世紀のローマのモザイクには、丸底のかごを編んでいる職人が柳の束の到着を迎えるようすが描かれている。ローマ人の社会でかごは、貯蔵や運搬、香水瓶入れや荷車の保管などに使用された。北アメリカと同じく、水筒は重要品だった。プリニウスは、樹皮をむいた柳を使うと「革製よりも容量の大きい」容器を編める、と述べている。[9]中世や近世初期の彩色写本や木版画には、柳の柵のほか、日常生活や

男性用帽子。1810～20年。かせ状に編んだ柳に絹のリボンと平織りの絹の裏地をつけたもの。

農作業に使うさまざまなかごが描かれている。14世紀から16世紀にかけて、ヨーロッパ各地にかご職人のギルドが生まれ[10]、18世紀になる頃には、かご産業は多くの国で高度に発展し、専門分野に分かれていった。18世紀のフランスの工房を描いた版画では、かご製品だけでなくかご作りの工程も見られる。前景には樹皮をむく前の柳が散乱しており、右側の職人は皮をむき、左の職人は大きなかごの縁仕上げに余念がない。部屋の奥にはさまざまな籐製品がうずたかく積まれている——洗濯かご、花かご、鳥かご、背負いかご、大型の運搬かごなどだ。中央の3人の職人は、柳で式典用の兵士の像をつくっていて、柳を輪にして遊ぶ子供の姿もある。職人のうちの3人は柳製の帽子をかぶっているように見える。柳の帽子は男も女もかぶり、粗末なものから上等なものまで、普段用から正装用まであった。

　イギリスでは、昔からかご作りのためにさまざまな種類の柳が栽培されてきた。セイヨウタチヤナギ（葉がアーモンド形）、セイヨウコリヤナギ（紫がかっていて苦い）、セイヨウキヌヤナギ（一般的な細工用）などだ。収穫後、柳

ノーフォーク州での柳の樹皮むき、1888年。

の小枝は長さと色で分け、乾燥させたのち保存する。生の枝はそのまま織ることができるが、乾燥させた枝は、一度水に浸して曲げられるようにしなくてはならない。色のついている皮を残すものもあるし、皮をむいて白い部分をむき出しにするものもある。皮つきのままゆでてタンニンを放出させ、内部に色を染みこませてから皮をむくと、赤茶色の枝になる。何世紀ものあいだ、柳の皮むきは、木の裂け目や金属製の「梳きぐし」を使っておこなっていた。19世紀の写真には、3人の女性が梳きぐし台で柳の皮をむいているようすが写っている（図版参照）。この作業は1850年代に登場した煮沸機の発明によって楽になり、1930年代には手作業での皮むきは消滅した。まとめて皮をむける機械が発明されたためである。

かご作りの技法はたくさんあるが、イギリスとヨーロッパでは、おもにステーク・アンド・ストランド（素編み）とプレイティング（組み編み）

ケイト・リンチ「ホワイトニングの季節　樹皮をむいた白枝を干すブライアン・ロックとブライアン・ホワイト」、2003年、油彩。紙。

が用いられた。現代のかご職人がつくった伝統的なかご細工3点も、このふたつの技法が使われている。図版の上段、キャサリン・ルイスの「オーバル・フィッチド型買い物かご」は、支柱に細い枝を巻きつけてつくってある（これをフィッチングという）。底も側面も支柱が直交するシンプルな透かし編みだが、ゆるやかな曲線の縁がやわらかな印象を与えると同時に、やや濃いめの茶色が気のきいたアクセントになっている。中央のエイドリアン・チャールトンの「ペリゴールディン（ペリゴール風）」は、フランスのペリゴール地方発祥の透かし編みでつくった野菜かごだ。こういうかごは、自転車のスポークのような枝が「魔法のように組み合わさって、底から縁までぐるぐるとらせん状に4周して編んである」ように見えるが、実際は、ねじりの部分で枝を折りこんだり、切ったりしてつくってある。[11] ペリゴールディンのシンプルだがひきこまれるような構造は、カタツムリの殻の秘められた内部を思わせると同時に、風通しのよい開放性も感じさせる。下段のデイヴィッド・ドルーの「オーバル型かご」はステーク・アンド・ストランド（素編み）技法を用いたもの。半分に裂いた枝を2本ならべて両端にまたがる竜骨にし、細い枝が経線のように2本の竜骨と枠組みのあいだを埋めている。細い枝でかがったようなかごは、帆船やゆりかごのように見える。美しい、バランスのとれた形だ。

そのほかにも、現代のかご職人たちは工芸と芸術の境を軽々と超え、彫刻作品のようなもの、ときには非実用的なものをつくりだしている。たとえば、スコットランド、カナダ、アイルランド、デンマークの4人のかご職人がつくった作品は、もはや現代美術といってもいい。リーサ・ベックの「リトル・ケルン・キニー」は、スコットランドの起伏に富む丘陵地帯に着想した「風景のかご」

樹皮むきをしていない柳のかご。［上］キャサリン・ルイス「オーバル・フィッチド型買い物かご」2011年、33×60×32センチ。［中］エイドリアン・チャールトン「ペリゴールディン」2012年、25×46×28センチ。［下］デイヴィッド・ドルー「オーバル型かご」2011年、25×51×29センチ。

ジョーン・キャリガン「柳の樹皮の綾織りかご」2008年、16.5×22.8×10.2センチ。リーサ・ベック「リトル・ケルン・キニー」2009年、32×37センチ。ジョー・ホーガン「ブルー・キャトキン・ベース」2008年、24×30センチ。アンネ・フォレヘイヴ「ゴムの鱗の柳かご」2005年、柳と自転車のゴムタイヤ、29×50センチ。

だ。実用的な器というよりも、感覚に訴えかけてくる彫刻のようなこの作品は、見る方向によって姿を変え、柳のしなやかさを前面に押しだしつつ、生き物めいた形状と「フランダーズ・レッド」といわれるタチヤナギの土色が自然と自然の力強さを想起させる。ジョーン・キャリガンの「柳の樹皮の綾織りかご」は、名前が示すとおり、枝ではなく樹皮を使ったものだ。薄いリボン状に削った樹皮を複雑な綾織りにし、織り目の詰まった、浮きあがる模様を生みだした。樹皮の表面を外側にして縦横に編み、そこに黄金色のなめらかな内側部分を斜めに配して、複雑で詩情豊かな模様をつくりだしている。粗削りな素朴さと貴重な黄金色の組み合わせが、剛と柔、外面性と内面性、自然と文明が混在する世界を反映しているように思える。ジョー・ホーガンの「ブルー・キャトキン・ベース（青い尾状花序の花瓶）」もまた、形はシンプルだが、色と素材の使い方に驚かされるかごである。セイヨウエゾヤナギの美しい青色の枝が流れる水を表現し、そこから、芽のついた柳の若枝が飛びだしている。水と花を外に配した花瓶といってもいい。アンネ・フォレヘイヴは、自転車のリサイクル・タイヤを用いて、やわらかな鱗がついたような大釜をつくった。ポモ族の羽根と二枚貝で飾った手のこんだかごとはまた違った趣をかもしだす、環境にやさしい作品だ。

芸術性に高級志向のデザインも相まって、柳への関心は再燃した。フィンランド人アーティストの故マルック・コソネンの「プロダクション・シリーズ」には、編まないかごが登場する。編むかわりに、コソネンは、あかるい色（オレンジ、赤、紫、緑）の太さの異なる柳の若枝を組み合わせたティンカートイ形式のかごをつくった。このシンプルな作品は、伝統的なかご細工技法の説明によく使われる。たとえば、中央すぐ下の渦巻き形のかごは文字どおりらせんの形をしているが、柳

マルック・コソネン「プロダクション・シリーズ」のかご。1990年代。柳。

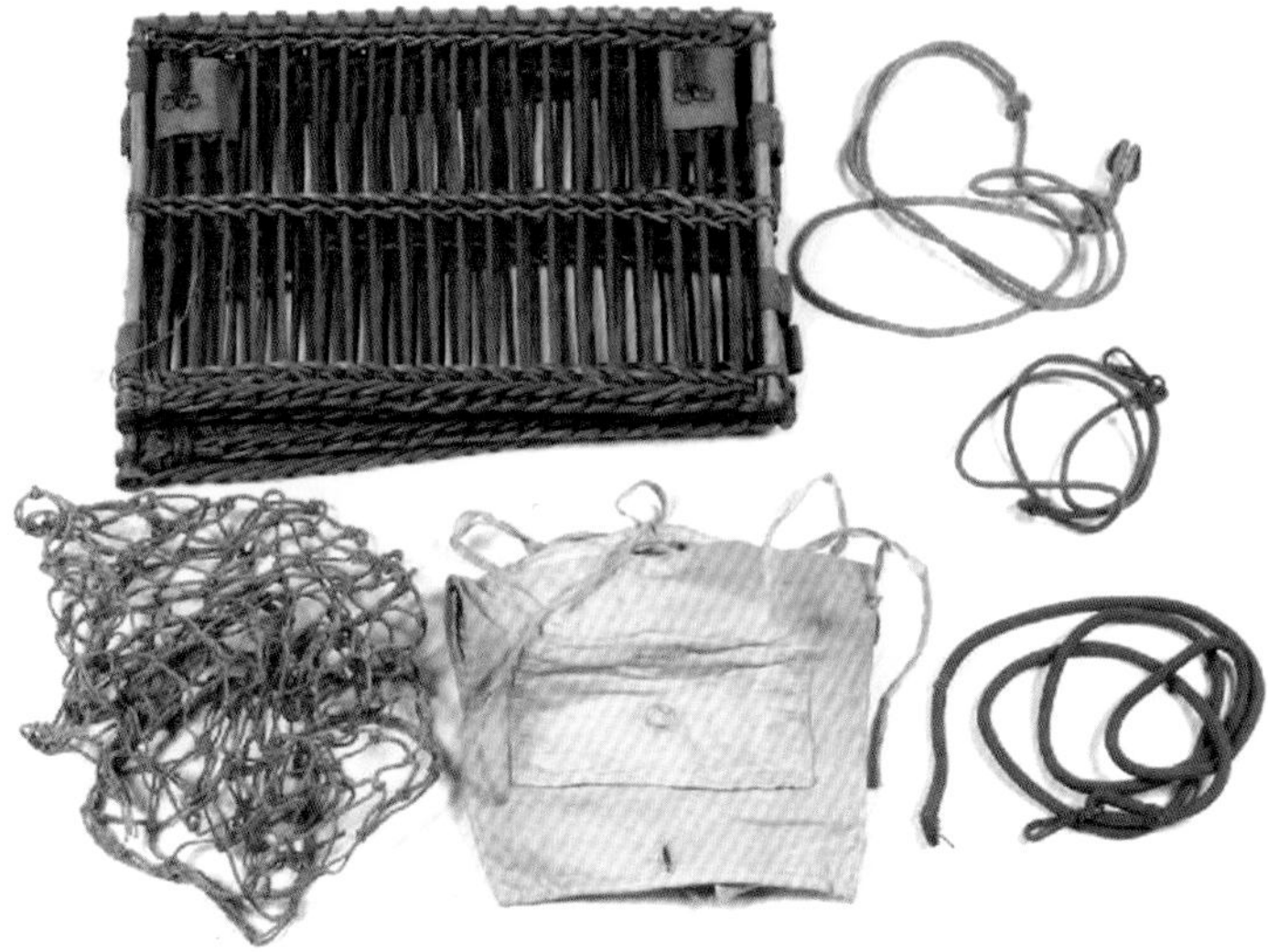

折り畳み式のハトかご。1914年。

の枝はらせんをつなぎ合わせるというより、要所要所で支えに使われている。右下や中央上のかごは、ステーク・アンド・ストランド技法で、サイドの枝は輪郭をかこむように（実際になにも巻きつけないまま）立たせてある。コソネンはインタビューで、樹皮をむいていない柳には「まだまだたくさんの可能性」がある、と述べており、[12] 彼の作品こそ、その扉を開くものになった。

　図版にあげたような最近の作品は贅沢品といえるかもしれない。だが、美しい柳細工は、20世紀後半まで生活の必需品だった。意外なことに、かご作りと、都市化・工業化は相容れないものではなく、実際は都市化にも工業化にも、その発展過程において欠かせないものだった。食料や物資を田舎から都会へ運ぶかごがなかったら都市化は成立しなかっただろうし、19世紀なかばには、鉄道輸送や郵便配達用のかごやトランク、蓋つき大型かごが規格化されていた。ロイヤル・メール（英

2羽用のハトかご。1914年。

国郵政公社）は専門のかご職人を雇い入れ、柳の大かごをつくらせた。[13] 第１次世界大戦中は、輸送用容器の需要がふくれあがり、輸送かごや弾薬ケースをつくるのに、サマセット州の柳のほとんどが使われた。伝令役の何千羽というハトは、特別にデザインされた柳かごをつけて飛んだ。１９１４年頃から使われた2種の容器——背負いかごと折り畳み式鳥かご——も、挙国一致体制の一部としてつくられた柳製品の変形とみてとれる。第2次世界大戦では、イギリスの柳は事実上ほとんどすべてが英国防省に供出された。とくに、空挺部隊の荷かごは柳の柔軟性と強靭さのおかげで、物資をたくさん収容することができ、高所からの落下にも耐えた。Ｄデー〔英米などの連合軍のノルマンディ侵攻作戦開始日〕以前につくられたかごは２００万にのぼる。[14]

家庭色と牧歌的な伝統色が濃いはずの柳だが、じつは戦争とは切っても切れない存在だった。ギリシア語で柳をさす「イテア ιτξα」は、植物の柳のほかに、柳でつくった盾や槍も意味する。古代ギリシアの盾は柳の枝の芯に青銅の覆いをつけたものだった。[15] 北欧に住んでいたチュートン人も、柳の枝編みにバッファローの皮を張った盾を使っていた。[16] 日本人は柳でつくった弓矢を用いたが、willow の日本語である「柳」の語源は「やのき」すなわち「矢箆木」、あるいは、矢をつくる木からきたとも考えられている。[17] アメリカ先住民も、柳の枝で弓矢をつくっていた。[18] 中世以降は、蛇かごや籐のかごに土を詰め、防壁として射手のまわりに置いた。ポッキリヤナギの炭は火薬になった。

話を戻すが、柳かごは極東でも昔から活用されてきた。中国では、少なくとも周王朝（前1046～前256年）時代から、柳かごが調理、穀物の貯蔵、運搬、飯杓子《めしじゃくし》などに使われていた。[19] 日本では、1世紀から使われていた跡があり、江戸時代には、豊岡の一大産業となっている。コリヤナギ *S.koriyanagi* を箱型に織ったものが贈答品（柳筥〈やなぎばこ／やないばこ〉）として用いられ、また日常生活では、なんでも入れられて旅行かばんにもなる軽くて丈夫な長方形のかご（柳行李《やなぎごうり》）も使われた。柳行李にはひとまわり大きい蓋もあった。19世紀の旅の指南書では「安価で、持ち運びでき、収納力があって、収縮性もある」とおおいに推奨されている。油紙で包んだり、ひもでむすんだりして、「居住不安な」生活が待ちかまえている者には必須の道具だった。[20] 明治時代（1868～1912年）になると、革バンド付きのもっと丈夫な柳かご（行李かばん）が人気になる。[21]

旅の伴侶というだけにとどまらず、柳のかごは、海の旅も陸の旅も、さらには雪上の旅も楽にした。ウェールズ語のcwrwgl が語源のコラクル（網代舟）は、軽くて浅い椀型の舟で、柳の枠に、松脂を塗った皮や布を張ったものだ。ローマ時代以前からブリテンで使われていたものだが、ヘロドトスによれば、バビロニア人もよく似た柳の舟を使っていたらしい。[22] 二輪戦車、荷馬車、四輪馬車、平底舟の胴体は柳を織ってつくった。気球の場合、柳製のかごは現在も使われている。1875年の木版画に、「ゼニス」に乗ったフランス人気球師たちを描いたものがある。彼らは高度2万8000フィート近くまで到達した（図版参照）。ふたりは気を失っているが、気球師たちは柳の壁に守られている。同じく上昇する気球を描いた絵には、月暈《げっうん》と十字の光を観察する一行が描かれている。柳のかごが、月に操られて引き寄せられているような幻想的な絵だ！

柳が軽量であることや強靭であることは、少なくとも中世頃から空を飛びたいという人の夢を刺激した。1380年頃に書かれた、チョーサーの未完の書『名声の館』には、巨大な空飛ぶ柳かごが登場する。第3書で、旅をする語り手は、宙に浮かんで「ぐるぐる」回転しながら進む柳細工の建物に出くわす。黄・緑・赤・白の小枝を組んで編んだ家は、かごにも鳥かごにも見え、葉の生い茂った夏の木々のように隙間口がたくさんあり、天井には穴がずらりとならんで、そこから音が外にもれてくる。ワシに運んでもらって窓から内部にはいった語り手は、そこが噂話で充満していることを知る——ありとあらゆる噂話は、話し直されるたびに中身が広がり、ふくれあがり、ついにはだいぶ違ったものになって、隙間から外に飛びだしていく。[23] エドワード・バーン＝ジョーンズの挿し絵は、ふわふわ浮かぶ柳の入れものが、空飛ぶクリスマスプディングのように、あたりを回転していくようすを描いている。

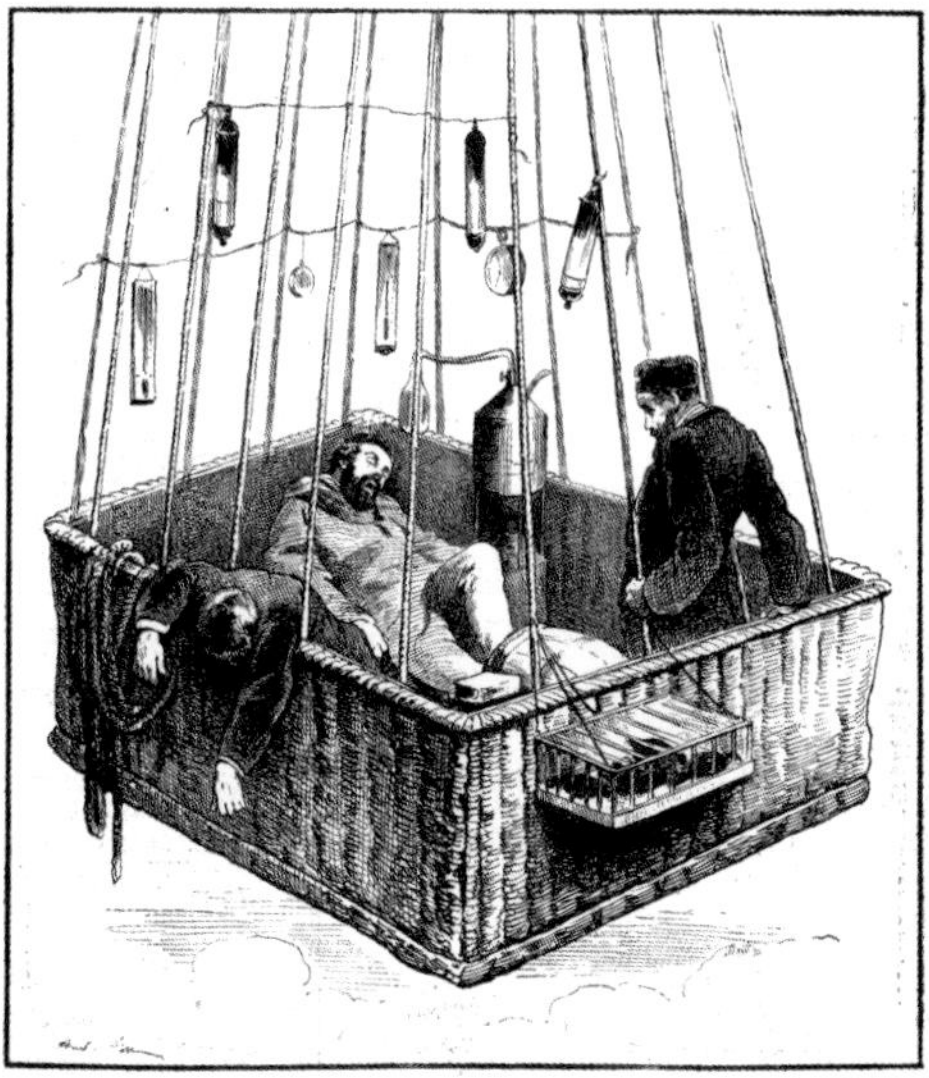

高度約2万8000フィートに達したあとの「ゼニス」。1875年。木版画。

1875年3月にパリからアルカションまでの長距離飛行中、気球ゼニスから観察された月暈と十字の光。1875～80年頃。水墨、鉛白、黒鉛。紙。

『ジェフリー・チョーサー作品集』「名声の館」のエドワード・バーン＝ジョーンズによる挿し絵（ハマースミス、1896年）。

架空の世界ではなく、実際の飛行においてもっとも重要な初期のパイオニアのひとりも、柳の恩恵を受けた。1889年に『鳥の飛翔』を刊行したドイツの工学者オットー・リリエンタールは、さまざまなグライダーを設計、製作し、1890年代にグライダーによる飛行を成し遂げた。オットーと弟のグスタフは、10代の頃から実験をはじめた。グスタフは、子供の頃に自分たち兄弟が、疲れたミソサザイが親切なコウノトリにうまく飛ぶコツを教わる寓話に魅せられたことを回想している。当初、リリエンタール兄弟は「コウノトリの教えに耳を傾けず」、高い場所から飛行するグライダーをつくるのではなく、羽ばたき装置によって離昇することを試みた。初期の奇妙な試作品は、後年成功した多くのグライダーと同じように、柳の竿と帆布をコロジオンでコーティングすることで、できるか

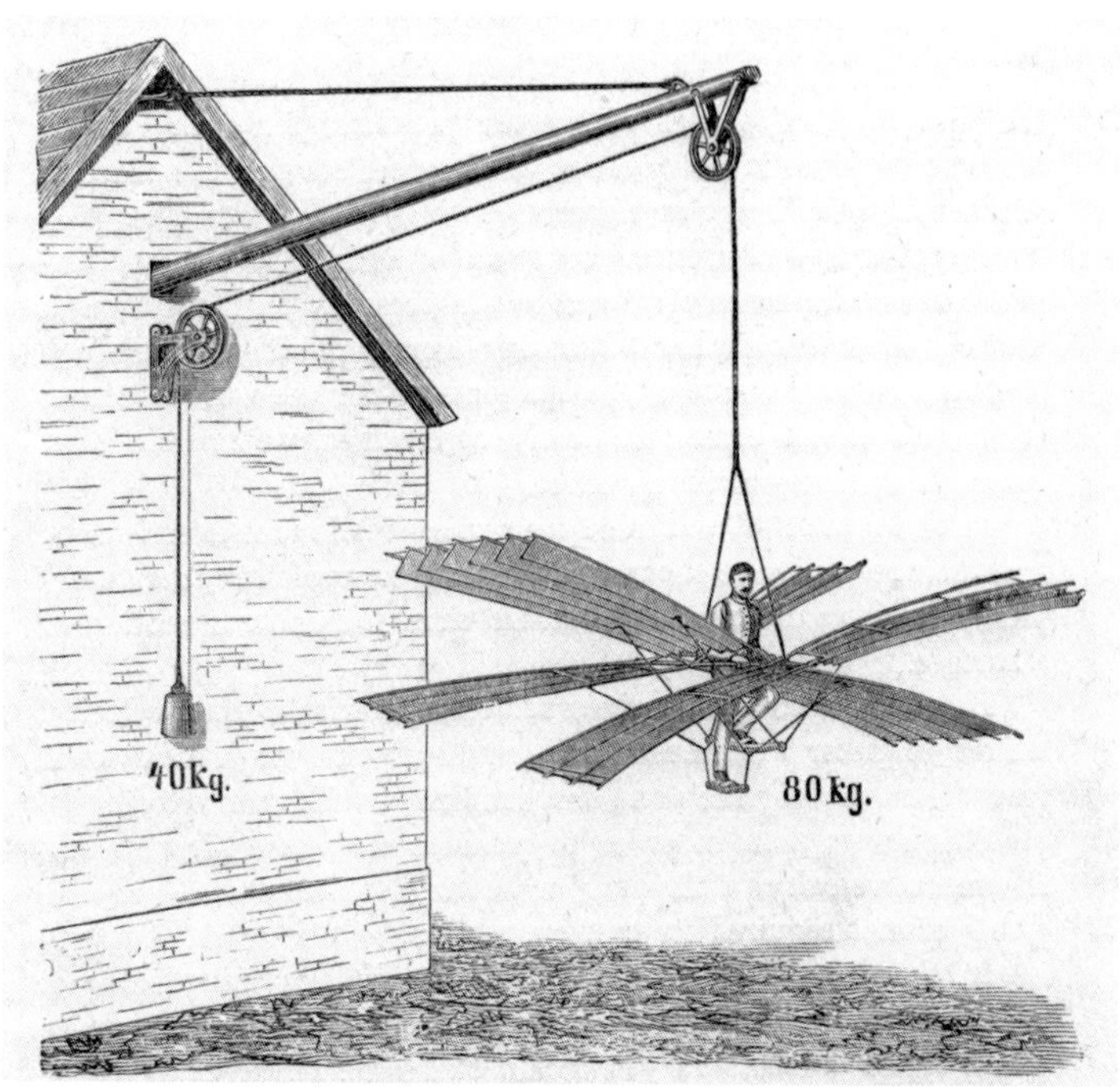

羽ばたきの実験。オットー・リリエンタール『飛行術の基礎としての鳥の飛翔』図19（1889年）。

ぎり気密性を高めた。装置の反対の端に釣り合いをとる重りをつけて宙づりの状態になり、兄弟は文字どおり空中に昇ろうとした（どちらかというと、階段昇降のトレーニングマシンのようなものだった）。当然のことながら、「必要とされる労力」が「きわめて多かったために、数秒間しか一定の高さに自分の体を保つことができなかった」。やり方は正しくなかったかもしれないが、材料は正しかった。羽毛を含め、ほかの材料をいろいろ試した結果、兄弟は「柳の茎」がじゅうぶんに軽いだけでなく、「もっとも壊れにくい[24]」ことを発見した。そしてついに、兄弟は「規則的な帆走装置」

リリエンタールのグライダーによる飛翔実験（1895年頃）。

を開発した。1895年頃に撮影された写真には、オットーがその装置を使って滑空実験をおこなうようすが写っている。丘の上から飛び立ったこの大胆不敵な飛行士は、自作のグライダーの巨大な翼の下にぶら下がっており、翼の生地には柳の骨格が透けて見える。「グライダー王」と呼ばれたオットーは、1896年8月9日に墜落事故で亡くなるまで、生涯を通じて2000回以上も滑空飛行をおこなった。

柳を使った構造物が空中の冒険を容易にしたとすれば、地上の柳建築もまた、作り手の想像力から生まれたものだった。柳を使った建築とコミュニティの構築について、スコットランドの地質学者サー・ジェームズ・ホールは非常に大胆かつ独創的な考察を加えた。1797年にエジンバラ王立協会に提出し、翌年刊行された論文のなかで、ホールはすべてのゴシック建築の構造は、柳でつくられた素朴な大建造物の建築技術と材料の特殊性にまでさかのぼることができると推論した。この説にたしかな根拠がないことは彼自身も率直に認めている（「直接的な証拠が欠落している」）が、彼がこの説を打ちだした動機は、古典ギリシア建築とゴシック建築に対する当時の評価への失望にあった。前者はその合理性と美しさによって称賛されたが、後者は一貫性がなく陰鬱な性質のために過小評価されていた。「古典的なギリシア建築の言語は、それまでの木造建築から生まれた」という古代ローマの建築家ウィトルウィウスの理論にインスピレーションを得て、ホールは、石造りのゴシック建築もギリシア建築と同様に、その建築方式と装飾を合理的に説明できる別の材料による前例があってしかるべきだと提案した。1785年にフランスを旅行していたホールは、農民が柳の枝を集めているようすを見て「このような枝で素朴な住居をつくれば、ゴシック建築に似たものができるのではないだろうか、ゴシック建築の独特の形状の由来はここにあるかもしれない」[25]と考えた。以後40年間、ホールは空き時間のすべてをその研究に費やすことになる。

　彼は必然的に、「単純な起源」の観点から、ゴシック建築の「精巧なスタイルのもっとも複雑な形さえも」説明しうる「理論的な歴史」の研究にとりかかった。ホールはまず、柱を多く使った身廊、リブ・ヴォールト［リブ（骨組み材）のついたアーチ型の天井］、尖ったアーチなど、大聖堂の基本的な構造をどうすれば柳で組み立てられるかを考えた。「たとえば」と彼は読者に説明する。最初に、「複数の円柱を2列にならぶように地面にしっかりと打ちこむ」。そして、それぞれの円柱の周囲に「長くてしなやかな柳の枝を束ねたもの」をさし、地面に近いところと円柱の3分の2の高さのところで束ねて縛る。次に、柳の枝の束の先端のほどけた部分を交差させてむすび、リブ・

茅ぶき屋根のついた柳の枝の身廊。サー・ジェームズ・ホール『ゴシック建築の起源・歴史・原理に関する小論』図版Ⅲ。「エジンバラ王立協会紀要」4（1798年）。

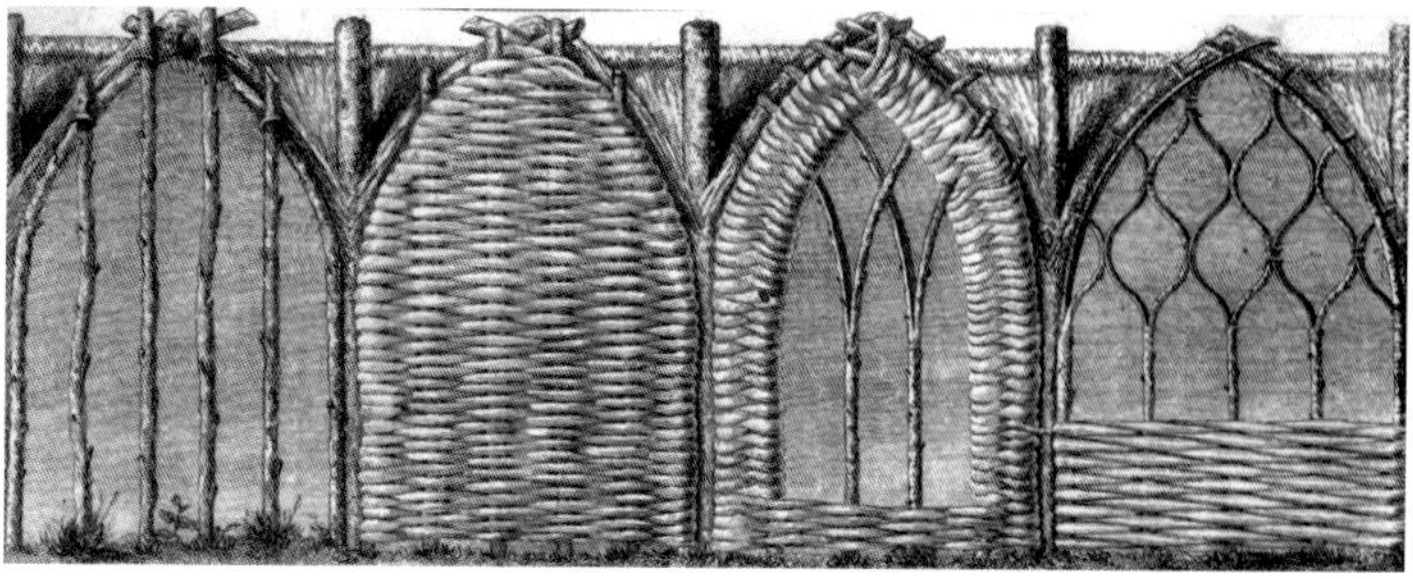

かご細工の壁。サー・ジェームズ・ホール『ゴシック建築の起源・歴史・原理に関する小論』図版Ⅳ。「エジンバラ王立協会紀要」4（1798年）。

ヴォールトをつくる。これが「茅ぶき屋根の骨格」になる。円柱のあいだにあるその他の柳の枝の束は「正確なゴシック建築の形」をつくるために交差させてむすぶ。「地面にさしてアーチ状にした」枝の束は、「小枝を編みこんで隙間をふさぎ」「かごの網目」状の壁にする。ただし、一部は隙間から日光を取り入れるためにそのままにしておく。空間と空間の仕切りの部分は「ゴシック建築の窓仕切りの〝マリオン〟という細い石柱に相当し、ガラス窓の枠になる」。扉は、入れ子になったふたつの尖頭アーチのうち、小さい方のアーチのあいだにおさまり、尖塔は「地面に立てた8本のまっすぐな長い円柱によって構成され、鋭角な八角錐の形に」なるように角度をつける。昔の素朴な教会の場合、尖塔はもともと建物のてっぺんにあったのではなく、そのそばに建てられており、「たんなる飾り」もしくは「鐘をつくため」のものだった。のちに、尖塔がどこからも見えるように「塔の頂上に尖塔をおき、空中に掲げることを建築家が思いつくのは当然のことだろう」[26]

　ゴシック建築の基本形式のルーツを掘り起こしたホールが次に注目したのは、装飾だった。装飾には2種類あり、どちらも「時間の経過が素朴な布の材料に及ぼす影響と同じようなものかもしれない。ひとつは枝の植生に、もうひとつは枝が枯れて腐敗することに関係してい

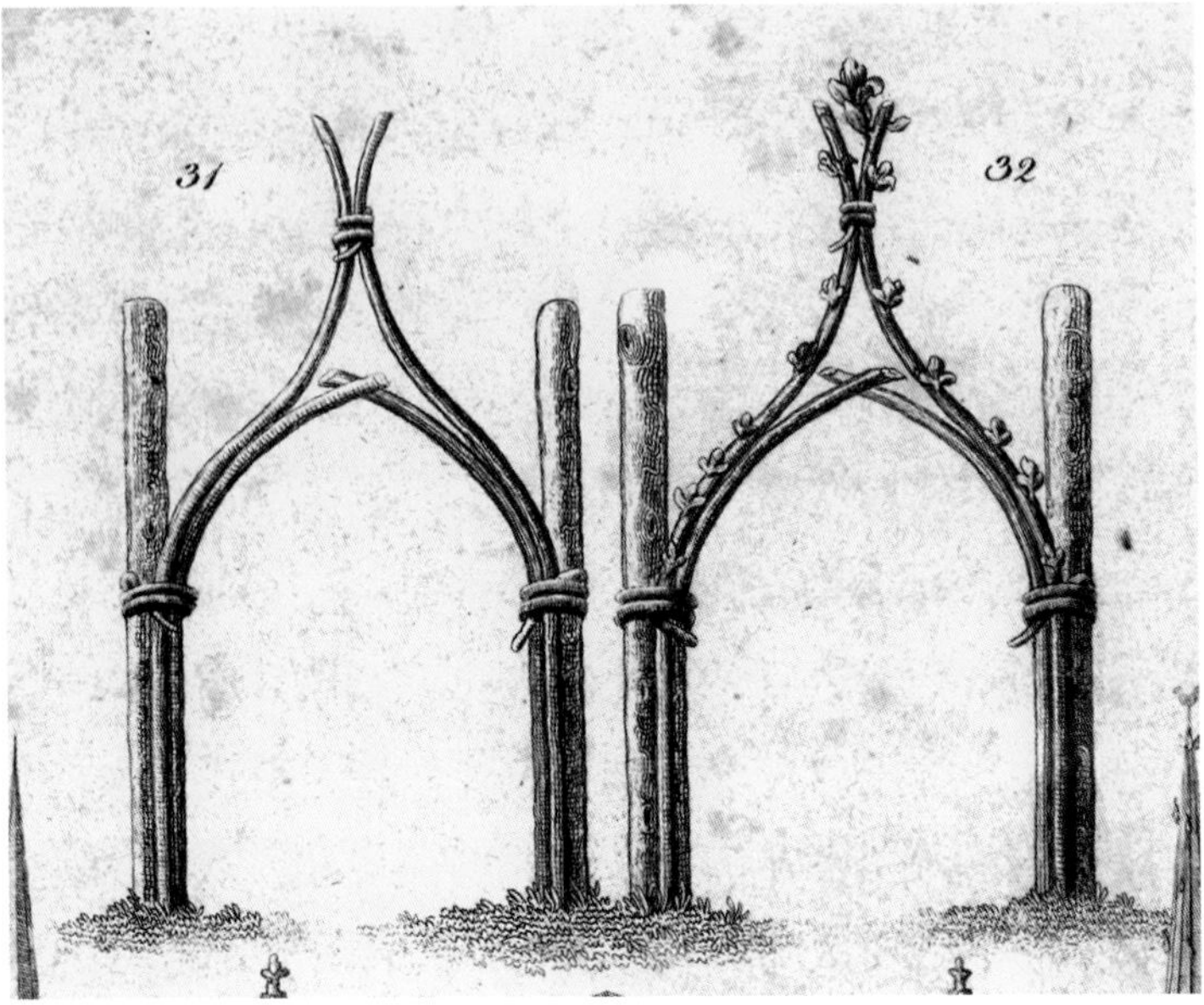

生きているクロケット。サー・ジェームズ・ホール『ゴシック建築の起源・歴史・原理に関する小論』図版V。「エジンバラ王立協会紀要」4（1798年）。

る」と述べた。柳には根を張って伸びていく性質があるため、部分的に生きている素朴な建築物ができ、柳の芽や枝葉が、石造りのゴシック建築のクロケット〔鉤の形をした装飾要素〕やフィニアル〔頂華飾り〕のモデルになったのではないかと考えたのだ。また、柳の枝の一部が枯れると、枝の表皮がはがれていく。表皮がはがれ落ちる前に丸まると、ホールが「いばら」と呼ぶ窓飾りを形成した。「いばら」とは、曲線を描く壁面がぶつかってできる先端部のことで、しばしば、そこにできる空間が三つ葉模様などの複合的な構造の葉飾りになる。ホールは、これに気づいた「才能ある建築家」が石細工に取り入れたと確信した。[27]

　1792年の春、自分の説の真偽を検証したいと考えたホールは、バーウィッ

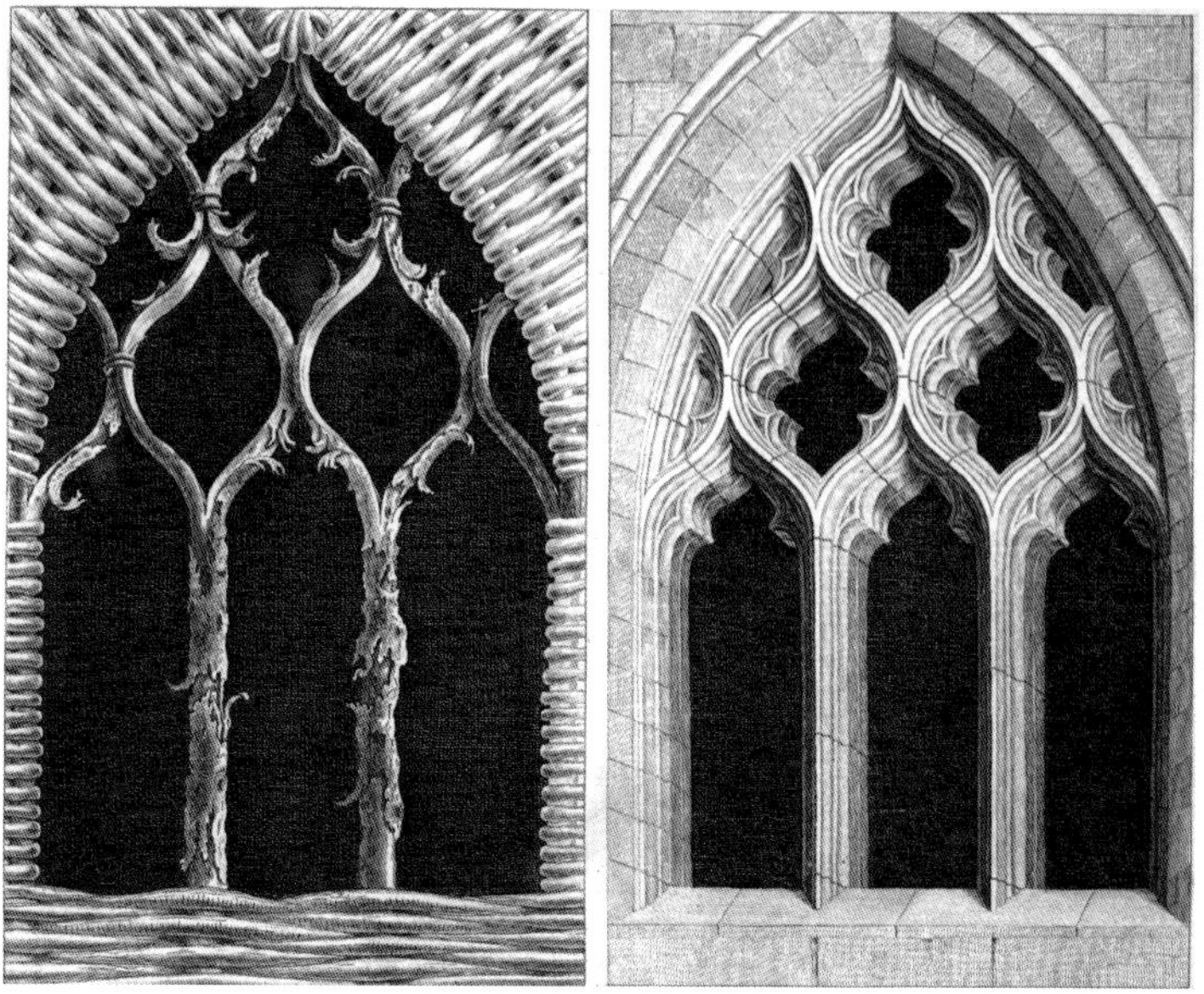

柳の枝のマリオン（窓枠）。上方の「いばら」の飾りの樹皮がはがれている。サー・ジェームズ・ホール『ゴシック建築の起源・歴史・原理に関する小論』図版Ⅵ。「エジンバラ王立協会紀要」4（1798年）。

クシャー出身の桶屋ジョン・ホワイトの助けを借りて、自分の土地に柳の枝で教会の建物を試作した。建物の細部は既存のゴシック様式の石造建築に基づいたもので、1793年の冬に完成した。ホールによれば、柳の枝の多くは根を張り、アーチ門の上に「葉の茂み」をつくった。1796年の秋には「腐った枝の表皮が完全ないばらの形になり、その位置はゴシック建築で見られるものと正確に一致している」[28]ことを観察した。スコットランド人の画家アレクサンダー・カースは、1792年か1793年に、ホールのすばらしい建築物の絵を描いた。この美しい水彩画（図版参照）には、柳の枝を曲げ、むすび、編みこんでつくられた尖塔、窓のマリオン、トレーサリー［はざま飾り。ゴシック窓のガラスを支える石細工の要素］、

アレクサンダー・カース「柳のカテドラル」(1792年頃)、グワッシュ水彩画。

シンプルな壁が描かれている。身廊の開いた戸口からは、柳の枝の束が枝分かれして茅ぶき屋根を支え、建物の外には葉を茂らせた尖塔があるのが見える。植物を使った素朴な建築物の自然さと簡素さが、背景の木々と前景の草木からもうかがえる一方で、柳の枝をひとつに束ねている質素な身なりの人物、ホールまたはホワイトがこの建物の施工法を示している。彼の前にある木柱の上におかれた精巧なフィニアルが、未完成の翼廊の根元を飾ることが想像できる。

1813年、ホールはみずからの理論に関する長編の著作を出版した。『ゴシック建築の起源・歴史・原理に関する小論』と題した本には、90点もの挿し絵がふんだんに盛りこまれている。本の口絵には、カースの水彩画をもとに描かれた、ホールの裏庭に立つ柳のカテドラルの全景がある。この本のなかで、ホールは1797年に発表した理論をいくつかの方法で拡大したが、なかでも特筆すべきは、多種多様なゴシック建築と装飾の起源が柳にあることを挿し絵を用いて示した点にある。ホールはさらに、イギリスの初期キリスト教の教会が「木の枝」を使って建てられたことを示唆する中世の写本を多数引用した。彼は「この島（グレートブリテン島）のキリスト教の初期指導者たちは、実際、柳細工の礼拝堂で礼拝をおこなっていた」と結論づけ、これは「森林の多い国の人々が当然頼みにする」建設方法であり、「当時の人々には、より頑丈な建築物を建てるための道具や技術がなかった」と考えた。後世の建築家たちは伝統への尊敬の念から「原始的な編み枝の教会」を「カテドラルの原型」とするようになったとホールは考えた。[29]

ホールは、ゴシック建築の起源が柳にあることを主張した最初の――そしておそらく唯一の――学者だった。彼の信念は、フリードリヒ・フォン・シュレーゲルをはじめとする同時代の一部の学者から「粗野な機能主義」とか「植物学的な功利主義」と見なされた。[30]

だが、ホールの分析は詩的であると同時に、実践に根ざしたものだった。柳のカテドラルに関する最初の著作のなかで、ホールは、自然の欠陥までも取りこむほどに緻密に模倣する芸術作品は、「現実にもとづく場合と同様、虚構にもとづく場合にも見る者の心に」強く「影響を与える。このような作品を、われわれはロマンスを判断するときのように判断するが、そのとき胸にわきおこる感興は、それが真実だと信じていた場合とほとんど変わらない」と主張した。[31] この柳のカテドラルは、たしかにロマンティックなファンタジーだ。異教の過去とキリスト教の現在をつなぎ、そして柳の枝につどう人々のコミュニティをつくる、生きた建築物である。

近年、ザンフテ・シュトルクトゥーレンなどのアーティスト集団も、ドイツ北部のロストックの

パトリック・ドアティ「サマー・パレス」(2009年)。柳を中心に、サトウカエデ、ブナ、ハン、グリーンアッシュが使われている。ペンシルベニア大学モリス樹木園。

「ヴァイデンドム(柳のカテドラル)」など、生きた柳の建造物を介したコミュニティづくりを試みている。宗教色は薄いが、同じように奇想天外な形で、アメリカの現代美術家パトリック・ドアティは柳を用いた大規模な作品を数多く制作している。蜂の巣、城、繭《まゆ》、公園の装飾的な建造物、干し草の山、鳥の巣、ティーポット、塔などを連想させるものだ。3週間以上の時間をかけてボランティアたちと一緒に特定の場所につくられたこれらの作品は、かご細工と建築物の中間あたりに位置するといっていい。ホールの柳の教会のように、想像力を喚起する社会的な「森林地方の建築[32]」をつくることによって、柳と同時に人々を紡いでいる。しかしながら、彼らが創造するコミュニティは、刹那的であり、美しくも空っぽの建造物にはどことなく哀愁が感じられる。打ち捨てられたような雰囲気が、空っぽの鳥の巣を偶然見つけたときに感じる甘い哀愁を呼び起こす。

２００９年につくられた「サマー・パレス（夏の宮殿）」はらせん状の構造をしており、ターバンやタマネギ型ドームやお菓子、そして何より、地面に埋まった巻貝の先端を彷彿とさせる。ドアティは自分の作品の内装の一部を「客寄せの道具」[33]として利用し、現実の、そして想像上の冒険にいざなっている。人が入れる大きさでありながら、人が住んでいない神秘的な自然の建造物の内部に足を踏み入れると、わたしたちは文字どおり自然に近づき、ほかの種がどのように住んでいるのかを想像する。それは空間的な意味だけでなく、時間的な意味での住む感覚だ。ドアティの建造物は、ほかの時代（かつては想像上のものが居住していた）だけでなく、直線的というよりも周期的な時間に対する理解をも呼び起こす。この空っぽの巣には、いつかまたなにかが住まうかもしれない。

２００５年の「ヒキガエル館」は、即座にのどかな子供時代のイメージを次々に呼び起こす。それは、『たのしい川べ』［ケネス・グレーアム著／石井桃子訳／岩波書店／２００２年］に登場するヒキガエルの家のイメージだけでなく、見た目の形から、ブーツ（そして、マザーグースの童謡「靴に住んでいたおばあさん」）、ホットクロスバン［ドライフルーツなどが入った十字の飾りの入った菓子パン］、干し草の山、サイロ［穀物などの貯蔵倉庫］、なかには、ウサギを思い起こす人もいる。土間と、枝でつくられた構造は、一般的な巣と同時にウサギの巣穴を連想させ、秘密の通路のような柳のトンネルは失われた世界の発見に通じている。過去の建築物を参照してつくられた作品からは、その時代がよみがえってくるような気がするからだ。カリフォルニア州に入植したスペイン人の住居を簡略化して模倣したこの作品には、小型の鐘楼と身廊がついている。[34]「ヒキガエル館」は、植民地

パトリック・ドアティ「ヒキガエル館」(2005年)。柳の若木、高さ8.2メートル。サンタバーバラ植物園。

主義と宗教的な帝国主義の歴史を自然界に溶けこませながら、人間の文化と風景の関係を追求している。

さて、外の世界から室内に目を向けてみよう。柳が創造的な建築物をつくるために使われてきたように、少なくとも古《いにしえ》のグレコ・ローマン様式の時代から、柳は室内の備品や装飾に用いられてきた。たとえば、古代ローマの博物学者プリニウスは、座り心地のいい椅子をつくるには樹皮をはがした白い柳が最適だと考えた。[35] この柳細工の椅子には、たいてい背の高い丸みをおびた背もたれとシートクッションがついており、女性、学者、哲学者といった座り仕事が多い生活様式のためのものだった（対照的に、軍人や役人は、仕事中はそれよりも座り心地の悪い大官椅子と呼ばれる椅子を使っていた）。[36] 2世紀のレリーフには、さまざまな織り方で装飾模様をほどこした柳のカテドラ［ラテン語でひじ掛け椅子の意］にすえた便器に座る女性の姿が彫られている。

20世紀の初め、アメリカで柳細工の家具を普及させたのは、それにふさわしい名前をもつグスタフ・スティックリーだった［stickは小枝を意味する］。スティックリーは建築と家具の世界に「職人」のスタイルを確立した。イギリスのアーツ・アンド・クラフツ運動に影響を受けたスティックリーは、素材の尊重とデザインの簡潔さを提唱した。現在スティックリーは重厚感のある木製家具で知られているが、家具をつくりはじめた1903年には、軽い枝編み細工の作品をレパートリーに取り入れていた。彼は、柳を使った枝編み細工の家具の仕上げに使われる「ありきたりの不透明なエナメル」を嫌い、自然な仕上がりを好んだ。[37] スティックリーが柳に惹かれたのは、その色合いや軽さや柔軟性だけが理由ではない。農業やデザインにおける柳が現代的に洗練されていく一方で、柳

便器に腰かけるローマの女性。レリーフ（2世紀頃）。

グスタフ・スティックリーの柳のひじ掛け椅子。モデル87、17d（1910年頃）。

はアメリカ先住民の文化に根づいており、そのことがスティックリーの重視する「本物の風合い」を作品にもたらしたからである。雑誌「クラフツマン」には、アメリカ先住民の柳細工の建築物、柳細工のかご、アメリカの柳栽培産業、ヨーロッパの柳細工のデザイン（当然、アメリカ国内のデザインも）の記事が掲載された。ある記事には、柳細工の椅子には「かごと同じような親密さや魅力[38]」があると記されているが、1910年頃につくられたスティックリーのやや大型の2脚のひじ掛け椅子は、古風なかごよりも貫禄がある。窓のような隙間と左の椅子に見られるバルコニーのようなひじ掛けは玉座や建築物を連想させ、本来ならそこはベルベットやベロアのクッションでカバーされるはずだ。これらの椅子は堂々たる雰囲気をかもしだしているが、スティックリーは、柳は文化よりも自然の豊かさを思いださせる素材だと考えていた。金茶色や緑がかった色に変化するひじ掛け椅子には、「最初にあふれ出る樹液によって光り輝く若木の細い枝々のきらめき」があり、さらに抒情的に「月の光を浴びてあえかにゆらめく銀色の水面」のようだと表現している。[39]

ウィリアム・モリス「チューリップと柳」布地、1873年デザイン、1883年印刷。コットンに木版刷りとインディゴ抜染。

イギリスのアーツ・アンド・クラフツ運動の創始者のひとりであり、工業生産技術が生まれる前の「疎外されない」労働への回帰を提唱したウィリアム・モリスは、シンボルと素材の両面から柳に惹かれた。モリスが詩的で実用的な柳を愛したのは当然といえよう。多くの意味で、柳は彼の文学、デザイン、政治における人生と仕事を縁どった。1854年にモリスがオックスフォードで友人たちに読み聞かせた詩は、彼が初めて書いた詩といわれているが、そのタイトルは「柳とレッドクリフ」だった。そして、モリスが亡くなったとき、敷きつめた苔の上に安置された彼の亡骸は、柳の枝で飾られた霊柩馬車で、生け垣が続く道を3マイル離れたケルムスコットの教会まで運ばれた。[40] 1870年代から80年代にかけて、モリスは柳をモチーフにした布地や壁紙を数多く製作した。柳は彼の芸術家、そして社会主義者としてのプロジェクトの象徴としてとらえることができる。

1873年、モリスはインテリア用の布地として「チューリップと柳」をデザインした。最初にアニリン染料（合成染料）を使ってプリントした際に、色が鮮やかすぎると感じたモリスは、柳の小枝をつぶしたものをインディゴ（藍）に浸し、インディゴ捺染の研究をはじめた。[41] そして、布地に植物を用いた昔ながらの染色の技術とブロックプリント［版木を用いた型押しの手法］を使う技法を徐々に完成させていった。1881年、モリスはワンドル川の近くのマートン・アビー工房に仕事場を移した。娘のメイによれば、そこには柳が生い茂り「いつも細長い柳の葉が粗末な窓に張りつき……その光景は川岸に咲き乱れるかぐわしい花やポプラと柳の木立にかこまれた、きらめく川面を思わせた[42]」。1883年、モリスはふたたび「チューリップと柳」に取りかかり、最初の試みから10年を経て、はなやかな白と黄色のチューリップのまわりを青緑色の柳の模様が飾るコットンの布地が完成した。

美術史家のキャロライン・アースコットは、「チューリップと柳」は19世紀の建築家で美術評論家のゴットフリート・ゼンパーの有名な装飾史観に通じるところがあるという。ゼンパーによれば、歴史上、模様というものは手工芸の技術に由来しており、ある製品の主題は次には装飾要素となって、次から次へと受け継がれていくものだ。「チューリップと柳」では、くっきりとした柳の枝の青い茎が整然としたカーブを描き、黄色いチューリップの茎と柳の葉の上下に系統的に組みこまれており、布地のみならず、かごの形状と製作のプロセスをも示唆している。モリスの布地の模様は、編みこみ、インディゴに浸した柳の枝、柳にかこまれた仕事場を思わせると同時に、「柳はいつも人々の暮らしのそばにあった」という事実をヴィクトリア朝時代の日用品によみがえらせている。その布地は、もはや手工業の仕事場から切り離されることはない。少なくとも想像上は、近代がもたらした「疎外」を克服する役目を果たしているといえるかもしれない。[43]

「チューリップと柳」を初めてプリントした翌年の1874年、モリスは淡い地色に柳の葉が広がる「柳」という壁紙（図版参照）を製作した。柳の茎は緻密な幾何学模様で配置され、S字の曲線が等間隔で交差しては立ちあがり、その小枝が左右対称のカーブをつくっている。この図版では、均一な灰褐色の地（モリスの壁紙はさまざまな配色で提供される）に溶けこむように、柳の葉が密にならんでいる。モリスの娘メイは、別荘のケルムスコット・マナーで父の寝室に吊るされていたこの壁紙の下絵を「やすらかな心地よさがあった」と評した。「柳」は、影なき木陰、よどみなき涼や安息をとらえている。[44]

1887年、モリスは柳の壁紙の製作に戻り、「柳の枝」をデザインした。これはのちに、ケルムスコット・マナーで妻ジェーン・モリスの寝室を飾ることになる。メイは、父が「柳の枝」のデザインをしているときに、柳の葉の形を説明したり、地面に落ちている柳の葉や、ジョン・ジェラードの『本草書 *The Herbal*』に描かれた柳の葉を見せてくれたりしたことを回想している。[45]「柳の枝」ではは柳の茎の幾何学的な形状がいくぶんやわらぎ、さまざまな色づかいによって複雑になっている。クリーム色の地に、赤みがかった茶色の茎から淡い灰緑色の葉が右下から左上に、緑褐色の茎が左下から右上に向かってカーブを描き、斜めに交差して格子状になっている。「柳」や「チューリッ

ウィリアム・モリス「柳」壁紙（1874年)、紙に印刷。

ウィリアム・モリス「柳の枝」壁紙（1887年)。紙に水性塗料、木版刷り。

ウィロー・ティールームズの「豪奢の間」、グラスゴー。

プと柳」とは異なり、「柳の枝」は光と空間を感じさせる。この柳模様は、風通しのいいあずまやだ。モリスの柳模様は、物質（かご）のデザインから、変幻自在の格子から透かし見る庭のデザインに移行したのである。

その数年後、チャールズ・レニー・マッキントッシュと妻のマーガレット・マクドナルド・マッキントッシュは、1904年10月にグラスゴーのソーチーホール・ストリートに開店した「ウィロー・ティールームズ」を設計する際、モリスの柳のあずまやを壁紙に用いた。ウィロー・ティールームズの所有者のキャサリン・クランストンは禁酒運動の提唱者で、パブにかわる憩いの場を求める男女のために、グラスゴーに数軒のティールームを開いた。ソーチーホールは「柳の家」を意味する言葉で[46]、マッキントッシュ夫妻は、その建物をアルコール飲料ではなく雰囲気によって常連客を陶酔させる柳の森にすることにした。とはいえ、

マーガレット・マクドナルド・マッキントッシュ「おお、柳の森を歩む者たちよ」(1902年)。より糸、ガラス、エナメル加工されたガラスのビーズを使ったジェッソパネルの油絵。

ウィロー・ティールームズの「豪奢の間」

本物の柳の木がおかれていたわけではない。全体の雰囲気によって感じとれるような仕掛けである。それぞれの部屋には、異なる装飾テーマ——たとえば、柳の葉の模様、「柳の若木の森」を思わせる「ほっそりした高い背もたれ」[47]の椅子、あかるい配色、光を木漏《こも》れ日《び》のように反射する鏡やガラスなど——がもうけられた。

ウィロー・ティールームズの中心となる部屋は「豪奢の間」で、白、灰色、銀色、ピンク、紫色を使った女性専用のあずまやだった。天井下の壁に帯状にならぶ鏡には、色ガラスと銅製の葉の模様がはめこまれており、鏡と鏡の間の白木の枠、テーブルの脚の切れ込み、背の高い椅子の銀色の背もたれなど、部屋全体を万華鏡のように映しだす。この美しい「宝石のような」女性専用の領域は、なかば公的な空間に個人的な空想を誘う「クモの糸のように繊細な婦人の間」だった。[48]この部屋の中心になるのが、マーガレット・マクドナルド・マッキントッシュが製作したジェッソパネル「おお、柳の森を歩む者たちよ」である。このタイトルは、ダンテ・ゲイブリエル・ロセッティが失われた愛を——柳の森をさまよう亡き人の影をよんだ詩の一節だ。マッキントッシュのパネルには、淡い色合いの背景に、流れるようなローブに身を包んだ白く細長い顔の女性3人が描かれている。色ガラスのビーズをちりばめた衣裳の優雅なラインは、柳のしだれる枝に同化し、中央の木の精《ドリュアス》を楕円形に縁取る緑によって、女性たちと柳はさらに混然一体となっている。この作品に酔いしれたある批評家は、このパネルの「星のような神秘的な光」は「柳の木立のなかを、まるで心ここにあらずといった風情で歩む女性たちの顔と姿」にベールをかけていると表現した。[49]このパネルは壁ではなく、床の近くの低い位置に、額縁でありながら部屋の扉をも思わせる白い大きな枠のなかにおさまり、透明感のある静謐な柳の森の風景を、紅茶を飲む客の手が届く場所に配置している。

心に残る夢想は、芸術作品だけでなく、日常的な物からも呼び起こされる。ウィロー・ティールームズの客には、当然のことながら、柳模様の陶磁器で紅茶が供された。[50] それはウィリアム・モリスの壁紙と同じく、中上流階級の家を飾った。陶磁器の柳模様は次章のテーマである。

第3章　ロマンスとミステリーの柳模様

柳の文化史をあつかう本であれば、イギリスで生まれた中国風の柳模様を無視することはできない。1790年代に初めて登場して以来、柳模様の食器はまたたくまに世界中で人気を博し、そのデザインは現在まで受け継がれている。過去200年のあいだ、イングランドだけでも350の陶磁器メーカーで生産されたほか、オーストラリア、ベルギー、デンマーク、フランス、フィンランド、ドイツ、オランダ、アイルランド、日本、メキシコ、ノルウェー、ポーランド、スコットランド、スウェーデン、アメリカ、ウェールズでも生産されている。[1] この食器はイングランド中部のスタッフォードシャーからニュージーランドまで、ホワイトハウスからソロモン諸島まで、世界各地で——直接輸入されない場合は植民者がほかの国へたずさえていって——使われ、再利用され、模倣された。その人気にかげりが出はじめたのはごく最近のことにすぎない。今も生産されてはいるが、もはや家庭の食卓の主役ではなくなり、たいていは熱烈なコレクターが買う品となっている。

典型的な、すなわち「古典的な」柳模様（ウィロー・パターン）は、一般に青と白の染付で、ひとつかふたつの装飾的な縁取りのなかに中国の水辺の風景が描かれている（図版参照）。右側には、さまざまな樹木が生い茂る庭園内に反り屋根の「大邸宅」が建っており、その周囲に一、二軒の小さめの建物が見える場合もある。庭園では、大きな球形の実をつけた木がひときわ目立つ。いくつかの岩や丘もあるが、邸宅の正面はきちんと整備されていて平らだ。邸宅へ続く白い道は下方で途切れ、その上をジグザグに横切る柵が川か湖の岸辺に沿って消えていく。柵のすぐ上にはごつごつした柳の木が生えており、その垂れた枝には春の尾状花序がついている。幹を覆っているのは菌類かなにかだろうか、柳は大きく左に傾き、小さな島に続く橋にかぶさるように立っている。橋の上にはそれぞれ異なる物を持つ小さな人影があり、上方の穏やかな水面には舟が見える。左奥には木々や岩、丘、小さな建物が点在するひとつかふたつの島が浮かぶ。いちばん上にいるのは、向かいあって飛んでいるような二羽の鳥だ。

各メーカーが製作する柳模様には無数の違いがある——鳥の姿や大きさ、舟の形状や人が乗っているかいないか、橋の構造、柳の枝の数、庭園の植栽のようすなどだ。しかし、基本的なレイアウトはほとんど変わらない。この一見したところはおだやかな情景——昔の中国の一場面——が世界の想像力を刺激し、何世紀にもわたって食卓をいろどっただけでなく、この図柄が示す物語をひもとこうとする文学や芸術が生まれ、その種類を調査し、文化的意義をさぐる試みがなされたのはなぜなのだろう？

１７９０年代にイギリスの陶磁器メーカーのスポード社が初めて創案したとされる柳模様は、異文化の交流によって生まれた不思議な意匠だ。中国から輸入された手描き磁器の模様を参考にしな

ウェッジウッド社の柳模様の皿、1920年頃、転写印刷絵付け。

がら、それらを組み合わせて斬新で謎めいたデザインに仕上げ、転写技術を用いて下絵を中国磁器様の陶器に写している。機械的な転写技術が可能にした大量生産かつ大量販売の製品である柳模様は、産業化とグローバル化の象徴といっていい。しかし、これは中国の陶磁器の歴史を抜きにしては語れない――イギリスの「柳模様」は中国磁器に対抗するためにつくられたのだから。

中国は1000年にわたって陶磁器を生産し、世界に――まずは中東へ、やがてヨーロッパ内外へ――輸出してきたが、ここで注目すべきは14世紀に開発された、白地にコバルトブルーの絵文様を筆で描いた藍彩白磁である「日本では染付という」。

スポード社の柳模様の皿、1820年頃、転写印刷絵付け。

青と白の美しい磁器は名声を獲得し、産業革命以前の時代ではもっとも世界に広まった大量生産品となったため、史上初の「グローバルな工芸品」と呼ばれる。[2] 製造の効率性や生産規模、世界中への展開力において、江西省景徳鎮《けいとくちん》——中国の「陶磁器の都」——の窯は、産業革命のずっと前から近代ヨーロッパの水準にまで協業化されていた。

16世紀には、景徳鎮の官窯《かんよう》［宮廷用陶磁器の製造や殖産のための政府の窯元］と民窯《みんよう》［民間人による庶民用の窯元］には1万人の労働者がおり、18世紀にはヨーロッパへの年間輸出量は約100万点に達したとされる。これはヨーロッパ以外の諸国との貿易や国内流通量を除いての数字だ（そのうちの数十万点はイギリス向けだった）。このために官窯と民窯を合わせて3000以上の窯元が製造にあたったという。[3] 世界を相手にする景徳鎮の企業は、産業革命にともなう工場の組織化や分業をある程度実践していた。生産ラインは特定の製品（たとえばティーカップ）を製造する部門、特定の作業をする部門（下絵の制作、絵付け、釉薬をかける係など）に分けられており、絵付け作業さえ細分化されていた。あるイギリス人旅行者は次のように述べている。

ひとりが花の輪郭を、もうひとりがパゴダ（仏塔）の輪郭を描き、3人目が川や山を担当する。4人目がそれを受けとって製品の周囲を丸く縁取りする。5人目がそれぞれの線にしたがって絵の具をつけていく。[4]

各作業は非常に特殊だったため、ひとつの製品が完成するまでに72もの工程が必要なこともあったらしい。[5]

中国の手描きによる輸出用藍彩白磁は風景を描いたものが大半で、丘、小川、建物、橋、舟、鳥、植物などを組み合わせたものが多かった。「セット」の食器の需要が高かったことから、19世紀前半までには、たいていの西洋向けの輸出品の柄はいくつかに限定されており、それが柳模様誕生のきっかけとなった。デザインの多くに柳が使われていたため、18世紀後半のイギリスでは、「柳」といえば中国の山水や楼閣の文様を意味するほどだったのである。[6] 図版に示した八角形の皿は、ヨー

八角形の皿、19世紀前半、中国の輸出磁器。

ロッパへの輸出磁器の典型例だ。
この皿では、精緻な二重の縁取りの内部に川辺の風景が描かれている。前景の橋をふたりの人物がわたっており、橋の左端には、そよ風に枝を揺らしているようなシダレヤナギ——約束事といってもいい——が見える。中央の地面からはごつごつした岩が水面にせり出し、その右にちょっと変わった楼閣、左には高床式の建物が配され、2本の木が天に向かってのびている。左奥の対岸は岩場なのか島なのか、水際に小さな家がある。この皿にはさまざまな絵付けの技法が凝らしてあるが、こうした典型的な中国の輸出磁器に対して西洋人のなかには「なんの脈絡もないものを一緒くたに詰めこんだ」デザインと評する人もいた。[7] しかし影がないこと、全体の陰影がないことも、デザインの特徴となっている。

ただ、中国産の磁器に似ているにせよ、「柳模様」はまちがいなくイギリス生まれの意匠である。それは18世紀後半、スタッフォードシャーの窯元が新しい陶磁器と転写技術を開発し、中国の手描き染付磁器風の製品をかなり安く製造できるようになったことからはじまる。まず1770年代にジョサイア・ウェッジウッドが、スタッフォードシャーの窯元が1750年代から製造してきた濃いクリーム色陶器を改良し、「パールホワイト」の器地をつくるのに成功した。それに続く1780年代、スポードが白色のボーンチャイナ（骨灰磁器）の製造をはじめ、中国磁器と互角にわたりあえるもうひとつの素材を手に入れた。それに加えて、スポードが転写印刷技術を完成させたことが大きい。転写印刷とは、銅版の図柄を薄紙に印刷し、そのインクを陶磁器の表面に転写するというものだ。北ヨーロッパから輸入したコバルト染料を用い、スタッフォードシャーの陶磁器メーカーは青と白の陶磁器を自分たちでつくれるようになった。

たとえばコーリー社など、一部のイギリスのメーカーは当初、輸入品に対抗するため手描きで中国風の陶磁器を作製していた。やがてコーリー社は、陶器ではなく磁器に初めて青い文様を転写印刷したメーカーとなる。[8] その頃、同社の彫版師の徒弟だったトーマス・ミントンが、人気の高い中国文様をいくつか制作している。そのなかに柳模様の前身といえるようなものがあり、典型的な図柄の要素の大部分をそなえているが、柵や道、橋、人物はない。コーリー社が1770年代から1780年代につくった皿（図版右）は、輸入磁器（図版左）のデザインを左右反転させたものだ。

［左］中国の輸出磁器、1780年代、二羽の鳥の図柄。［右］コーリー社の銅版転写印刷の皿、1780年代。

ただし、舟と鳥を小さくし、中国の皿の左上にある雲のような岩をかため、建築物を規則的に配置し、前景をすっきりさせることで全体の風通しがよくなっており、西洋人の目にはより航行しやすい風景に映る。[9]

競争相手の景徳鎮と同じく、スタッフォードシャーの窯元も一種の組み立てライン方式を採用していた。転写印刷はなかなかに複雑な作業で、多くの工程がある。まず、熱した銅版にインクを塗布し、石けん水で湿らせた薄紙をのせる。その油分でインクが薄紙にしみこむのを防ぎ、陶磁器表面に移行させるためだ。その後、「印刷係」が薄紙をのせた銅版を回転プレス機にとおす。印刷された薄紙を銅版からはずし、それを「カット係」がデザインの各要素に切り分ける。次に「転写係」が器の形状と完成図にあわせて紙片を慎重に貼っていき、フェルトで押さえて位置を固定させたあと、ブラシで強くこすってインクを陶器やボーンチャイナに転写する。それから紙を洗い流し、窯で器を焼き、釉薬をかけてもう一度焼く。完成品の文様は透けて見えるだけでなく、釉薬によって保護されることになる。スタッフォードシャーのどの窯元

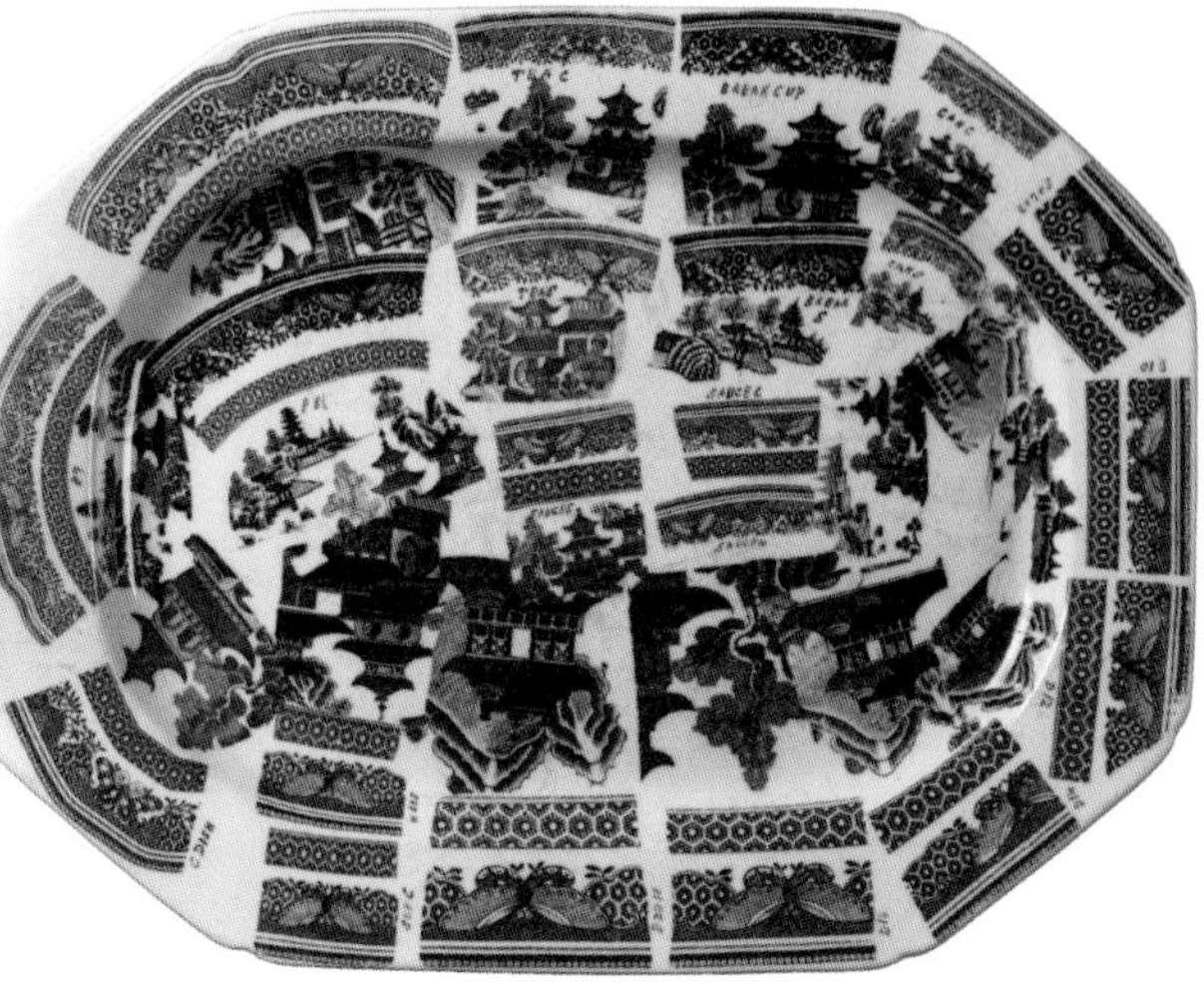

パールウェアに柳模様を転写した皿。1870年頃。

が製作したものかはわからないが、このカット＆ペースト方式の一端がわかるパールホワイトの皿が残っている。試し刷りと見本帳の両方を兼ねそなえたもので、皿全体に柳模様の部分や、縁取り模様、さまざまな意匠などが焼きつけてあり、それぞれに器の種類（受け皿、皿、カップなど）が記されている。

転写印刷による絵付けには、紙に印刷したときの鮮明さはない。焼成中にインクと釉薬が溶けて境界がにじむため、「ガラス質の膜に浮かんでいる」ようなやわらかで繊細な質感が生まれ、描きあがったばかりの絵を彷彿とさせる。[10] このように感覚に訴える、やや予測不可能な効果があるにもかかわらず、機械的に生産する柳模様は「心のこもっていない」複製であり、それが美的な鑑賞に堪えない理由、とくに柳に顕著な失敗の原因であると考える人もいた。「見本帳やカタログ」を参照して器の模様の構図を決める方法は、18世紀から19世紀の中国美術では確立されていたが、絵画の教本は、柳を表現する場合は「風が柳の葉をどのように揺らすかを念頭におかなければならない」と強調していた。[11] 西洋の美術通には、柳模様は絵筆で描いた中国磁器に比べると形式的にすぎ、洗練されていないように思えたのだ。19世紀なかばのある評論家は、柳模様を「中国の塔、橋、柳の木をたんに〝青く印刷〟しただけのもの」と評した。[12] 博物館長のクロスビー・フォーブズは、中国の画家は柳の枝が「微風にやわらかく揺れるさまを〝見せてくれる〟」のに対し、柳模様は「じっと固定している物体」のようだと苦言を呈した。また二羽の鳥についても、「切り紙細工を空に貼りつけた」だけとしか思えないと述べた（技術的にはそのとおりである）。[13]

一方、遠近法の欠如が柳模様の問題点だとする人々もいた。アメリカの民俗学者ウィリアム・チャーチルによれば、これは「あるのが当然と教わってきた遠近感というものが欠けているためにほとんど理解不可能」であり、それこそが「東洋と西洋の根本的な違い」だという。[14] この皿が暗に示している空中視点を西洋人は知らなかったわけではないのだが、チャールズ・ディケンズを含む批評家たちは、それを「完璧な遠近感」とは異なり、「有益」でもなければ「自然」でもないとみなした。[15] 20世紀の陶芸史家ウォーレン・コックスは、具体的な理由を示すことなく、「本物の中国磁器の絵付けの片鱗すらなく、いかなる美的主張も存在しない、このばかげた模造デザインほど美意識の欠如を示す例はない」と切って捨てた。[16]

柳模様の擁護者でさえ、初期の頃から「芸術的美しさがない」のは事実と考えていた。[17] ひょっとしたらこの模様の魅力は、むしろ多くの人に指摘され、あざ笑われてきた奇妙さにあるのかもしれ

饕餮文《とうてつもん》。ウェッジウッド社の柳模様の皿、1920年頃。

ない。ありえないほど大きな球形の果実——これはオレンジ、リンゴ、柿、ザクロ、桃ではないかとさまざまに取り沙汰された——に対して、19世紀の風刺家は「カボチャの木」とか「リンネのプリンの木」などと呼んだ。[18] 奇妙な要素はほかにもたくさんある。橋の上の人物が着ている長衣は魚の尾のような形で、男女の人魚の行列を思わせるし、肝心の柳の枝は、ディケンズの言葉を借りれば「青いダチョウの羽をならべたよう」だ。[19] そのほかの事物は「なんともいえない脅威の感覚」をかもしだす。アンバランスな大きさや遠近感のなさに加え、典型的な柳模様は「心理的な葛藤、通行の問題、隠れた危険」を強く感じさせる。道はジグザグにおかれた柵のせいで閉ざされ、途切れている。館の正面階段の真上には柱が立ちはだかる。柳は橋への通行を妨げ、館の上にそびえる「グロテスクに実をつけた」果樹は「建物の安全に差し迫った危険をもたらす」。二重の縁飾りにしても、うなり声をあげる口の上で丸い目を光らせている怪獣「饕餮《とうてつ》」をつなぎあわせた文様かもしれない。柳の専門家デイヴィッド・クイントナーは、西洋が柳模様に「はてしなく魅了される」のは、そこに「潜在する解決不可能な問題点、その不可解さ」にあるとしている。[20]

柳模様の不思議な特徴のいくつかは、当時の流行や現象を反映しているともいえる。たとえば、オレンジなどの異国の果物がイギリスに伝来したこと、気球にのって上から世界を眺めるのがはやったこと、シノワズリー（中国趣味）が圧倒的な人気を博したこと。しかし、柳模様が初めてつくられてからちょうど40年以上が経過した頃――これだけの時間がたてば多くの世代がこの模様と暮らしていたことになる――世間での人気と謎めいたデザインのせいか、柳模様は中国の昔話を描いたものだろうとする説が出てきた。1838年、のちに風刺雑誌「パンチ」を創刊するマーク・レモンが、柳模様を構成する「象形文字」の「真の来歴」と題する記事を書いた。この皮肉な記事は歴史の講義からはじまる。レモンによると、フォー皇帝の治世のこと、学者のヒュムが魂の転生という教義を提唱した。その時代を背景に、裕福な商人チョウ・チュウの娘シ・ソーと、スローフロー川に舟を浮かべて恋歌をうたう吟遊詩人ティン・ア・ティンのロマンスが展開される。ある夜、恋人たちが逢い引きをしているの目撃したチョウ・チュウは、娘を金持ちの求婚者に嫁がせることを決める。パイプ商人に変装したティン・ア・ティンは、シ・ソーに転生の教義を納得させる。結婚式の当日、ティン・ア・ティンはシ・ソーをそそりたつ自分の弁髪で殺したあと、短剣でみずからの心臓をつらぬく。我に返った招待客たちが目にしたのは窓台にいる二羽の鳩――「忠実な恋人たち」は「愛と優しさの象徴」に転生したのである。一方、その場から逃げ出したチョウ・チュウと花婿、花婿の父は、皿の上の橋を走る3人組にされてしまった。[21] レモンの話にある人種差別的な「ユーモア」は、その12年後に発表された、柳模様の由来話として定着した物語にはほとんど感じられない。

1850年に登場した「柳模様の皿の物語」は次のようなものだ。権力をかさに不正を重ねていたマンダリン(高級官吏)は、世間の評判があまりに悪くなったため、娘のクーン・セーと秘書のチャンを連れて館——皿の右側に建つ大邸宅——に引退した。貧乏なチャンと美しいクーン・セーは屋敷内の壮麗な庭園で愛をはぐくむ。やがてふたりの恋はマンダリンの知るところとなり、激怒したマンダリンは柵をジグザグに張りめぐらしてチャンを閉め出してしまう。そればかりか、ずっと年上で金持ちのタ・ジン公爵の婚約をととのえ、桃の花が咲いたら結婚するのだと娘にいいわたす。すでに柳は花をつけており、この望まない、仕組まれた結婚の日が刻々と迫っていることを告げる時計の役割を果たしている。川に面した自室に閉じこめられていたクーン・セーは、ある夜、小舟のなかに自分宛のメッセージを見つけて驚く。そこには、柳の花が垂れ下がり桃の花が咲いたら、川に身を投げて死ぬというチャンの決意が書かれてあった。そこでクーン・セーは一計を案じて返事をしたためる——「賢い夫なら盗まれないようにあらかじめ果実を摘んでおくでしょう」。その後チャンからの音信は途絶え、思い悩んでいるところに父親がタ・ジンからの贈り物の宝石箱を持ってきたので、クーン・セーの焦燥はつのるばかりだった。

とうとう結婚式の当日となり、マンダリンと軍人の公爵は盛大な宴をはじめる。ふたりがほろ酔い気分になった頃、見知らぬ男が施しを求めて現れ——それこそチャンの変装した姿だった——クーン・セーの部屋へおもむき、恋人たちは宝石箱を持って逃げ出す。マンダリンは逃亡に気づき、あとを追う。3人の人物が橋をわたっている図柄が、そのときの場面だ。先頭が「処女のしるしである糸巻き棒を持つ」クーン・セー、その後ろが宝石箱をかかえたチャン、最後がマンダリンで、「彼の父親としての権威と怒りは、手にした鞭からうかがい知ることができる」。恋人たちはクーン・セーにつかえていた侍女とその夫である館の庭師の家、すなわち橋をわたったところの「粗末な住まい」にかくまわれ、結婚式をあげるが、見つかってしまう。タ・ジンが捜索にさしむけた兵士たちを侍女がはばんでいるあいだに、チャンはなんとか舟を盗みだす。長江に漕ぎだした若い夫婦は島——皿の左上の部分——を見つけ、そこに住むことにした。近隣の町々で慎重に宝石を売った金でふたりは家を建て、作物を育てる。やがてチャンが書いた農業についての本が評判になるが、その名声が復讐心に燃えるタ・ジンにまで届いてしまう。軍隊が島を襲い、チャンは刺し殺される。愛する人なしでは生きていけないクーン・セーは家に火を放ち、炎のなかで死ぬ。すると神々は冷酷な公爵を「忌まわしい病」で呪う一方、薄幸な恋人たちを憐れんで、彼らを「不滅の二羽の鳩、生においては美しく、死にのぞんでも引き離されることのない永久《とこしえ》の愛の象徴」に生まれ変わらせた。[22]

この伝説はさまざまな意味でおそろしい。これは若者の愛だけでなく、幽閉、盗み、残忍な殺人の物語だ。第1次アヘン戦争の余波のなかで書かれたこの物語は、中国の権力構造に対するイギリスの疑念を示している。文学者のパトリシア・オハラは、「西洋のロマンスの伝統的な対立（若者と大人、恋愛と親孝行）」は、柳模様物語では政治的な意味合いをおびており、「ヨーロッパの目に映る中国文化はロマンスの力（若さ、恋愛、文学）に屈するべきだという前提を表現」することによって、「中国王朝へのイギリスの侵入」を暗示しているのだという。[23] この物語が植民地の重要性を説いているのだとすれば、柳模様の食器自体も同じ役割を果たしながら、イギリスの進出と植民地の拡大に歩調をあわせて世界に広まっていったことになるだろう。

1847年にヴェスヴィオ山に登ったニューマン枢機卿は、小説『損と得——オックスフォード

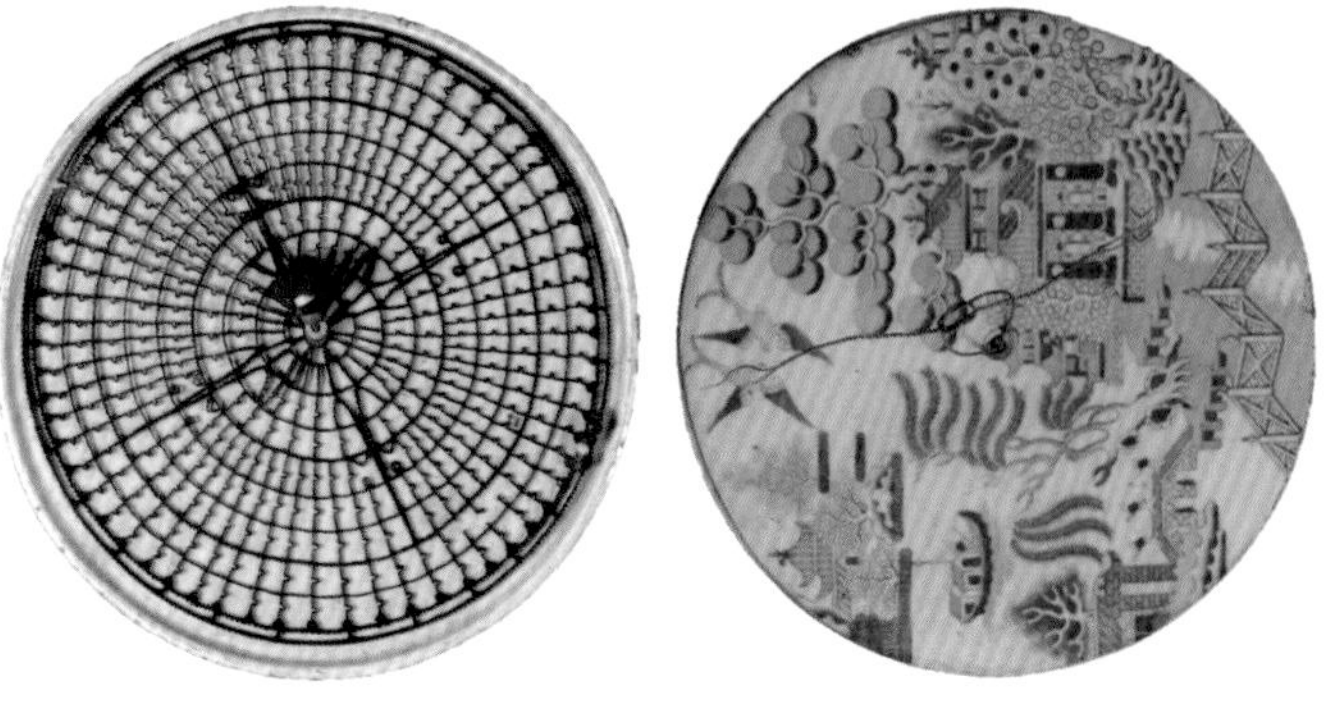

装身具のダラ。19世紀。柳模様の皿に亀の甲羅の透かし彫りが重ねてある。

学生の改宗物語』で、登場人物に次のような言葉をいわせている。「イギリスの食器はヨーロッパ大陸のどこにでもある。ぼく自身、半分に割れた柳模様の皿をヴェスヴィオ山の火口で見つけたよ」[24]。大英博物館が所蔵する「ダラ」も、イギリスの植民地支配を間接的に伝えるものだ。ダラとはソロモン諸島の島民が額につける装身具で、大きな二枚貝の貝殻からつくった円盤に、亀の甲羅の透かし彫りを重ね、編んだひもで頭にとめる。図版のダラは、ソロモン諸島保護領の初代駐在弁務官チャールズ・ウッドフォードが1900年に入手した。ウッドフォードは「ルビアナ島あたりで首狩りをした原住民を罰する必要に迫られ」、彼らの不意をついて村を掠奪したところ、そのときに得た工芸品のなかに古い皿を使ったダラがふたつあった[25]。色褪せた柳模様の皿を丸く切りだしたものに、亀の甲羅を透かし彫りにした非常に優美な回転盤をつけてある。この組み合わせは異文化の遭遇から生まれた、思いもよらない創作品といっていい。イギリス人が柳模様物語で中国の冷酷な父権主義に立ち向かう若き恋人たちの姿に自分を重ねあわせていたのだとしたら、このダラ獲得物語では、イギリス人駐在弁務官はさしずめ怒れるタ・ジン、財宝のために襲撃を決意し、平和な島を破壊する男の役どころとなるだろう。アメリカでは、1830年代に第8代大統領マーティン・ヴァン・ビューレンが、ホワイトハウスで使用するために柳模様の食器を注文している。やがてこの模様は、本国イギリスの支配を拒絶した新生独立国、閣僚の台頭に対する反エリート主義、女性解放の象徴となっていった。のちには禁酒法とも関連づけられた（つまり恋人たちが逃亡できるのはクーン・セーの父親と花婿が酔っぱらっていたからであり[26]、その意味ではイギリスの「ウィロー・ティールームズ」の命名もきわめて的を射ている）。

柳模様が植民地主義とかかわりがあったにしろ、これは家庭内暴力の存在も暗示していた。レモンはマンダリンの館が「奇妙なつくり」になっていると語り、湖の上に「張りだした窓」は「釣りや水浴、あるいは自殺にうってつけ」だとした。また屋敷内の樺の木については、「妻帯者にとっての有用性」は「わざわざ口に出していうまでもない」[27]［樺の木は折檻用の枝鞭に使われた］。一方、ディケンズは舟のマストが「青い小屋の土台に猛々しく突き刺さっている」と述べ[28]、別の批評家は舟の情景を「あり得ないほど奇怪」と断じ、これをまともに受けとるためには「酔っぱらうか頭が変」にならなければならないと酷評した。[29] 柳模様物語について論じた著述家の多くが、不安をかきたてる要素を指摘している。

しかしそれと同時に、この模様は子供時代や、まだ無邪気だった頃の世界の記憶とも強くむすびついていた。アメリカの詩人ヘンリー・ワーズワース・ロングフェローは、世界の陶磁器をうたった長編詩「ケラモス」（1877年）のなかで、「あのなつかしい柳模様　幼いときに見たあの青い橋」とよんだ[30]［ケラモスはギリシャ語で陶器の意］。この模様が家庭に浸透していたのはまちがいない。

別の著者によれば、あの柳は「最初の記憶のなかにある。それは仲のよい旧友の肖像のようなもので、いたるところで目にするが、けっして飽きることはない」[31]。ディケンズでさえ、宿屋で見た柳模様を「仲間」と表現した。それは彼と同じように（聖書風にいえば）土塊《つちくれ》からつくられ、やがて「子供部屋と神学校」を経て世間に出てきたものなのである[32]。おもしろいことに、こうした著者たちはみな、柳模様を実体験や、子供が最初にする質問にからめている。「物心がついて以来、柳模様の皿の謎めいた柄を不思議に思わなかった人がいるだろうか？」[33]

この有名な恋物語からは数々の劇場作品がつくられた。１８５１年にロンドンのストランド劇場で初演された『マンダリンの娘 The Mandarin's Daughter』は、登場人物が異邦人であることや、おそらくは劣等人種であることを強調したものだった。彼らは大魔法使いチン・パン・シーによって呼び出され、ひどいだじゃれを連発する。マンダリンにつけられた名前はヒー・シン。彼は娘の逃亡を知って愕然とし、「娘が逃げた！ なんたることだ。あいつは自分の過失《フォー・パ》によって、とうちゃん《パ》を敵《フォー》にまわしたのだ」[34]と叫ぶ（ある劇評はこの台詞を「通常の水準をはるかに超える才知」と絶賛した）[35]。だじゃれと人物名のひどさでは、バジル・フッド脚本／セシル・クック音楽の喜歌劇『柳模様の皿 The Willow Pattern Plate』も負けてはいない。これは１９０１年にサヴォイ劇場で１１０公演したあとツアーをおこなった。１８９７年から１９１３年にかけては、『柳模様の皿 The Willow Pattern Plate』と題したヴォードヴィル（歌や踊りをまじえた軽喜劇）が上演されており、１９１４年にはトーマス・アルバ・エジソンがサイレント映画の短編を、１９３１年にはディズニーが『中国の皿 The China Plate』というアニメ映画を製作した。

物語が人気を博し、その模様が中国風だとはいえ、イギリス人にとって「国民の価値観をはかる基準」になった一方、[36]ヴィクトリア朝の後半には、そのどちらに対しても美的価値が問われはじめた。F・C・バーナンドの『古い陶磁器の物語 A Tale of Old China』（1874年）は、柳模様のティーポットが中国の貴重な骨董品だと信じこまされた商人をめぐる喜劇で、あれやこれやと模様の査定がおこなわれる。[37]結局、鑑定家たちは、柳模様など中国の手描きの骨董磁器の足元にもおよばない、といって退ける。それでも、オスカー・ワイルドの有名な願望――自分の青と白の陶磁器に「恥じない生き方をしたい」という言葉は、耽美主義文化における柳模様と藍彩白磁の地位を揺るぎないものにした。いずれも美を追求するインテリアの柄となり（ウィリアム・モリスの柳模様の布地や壁紙もそのひとつ）、耽美主義の原則にしたがって生きる人々は、風刺雑誌「パンチ」の格好の素材になった。「陶磁器収集熱」におかされるか、自分のコレクションに恥じない生き方を誓う柔弱な男、という戯画にされたのである（図版参照）。

1879年に刊行されたジョージ・メレディスの『エゴイスト』は、柳模様とコレクションに関して政治的、文学的な考察を加えている。この小説はなかなかに複雑なラブストーリーだ。おもな登場人物は、タイトルの「エゴイスト」である裕福でハンサムな青年貴族ウィロビー・パターン、彼の庇護を受けている従兄の学者ヴァーノン・ウィットフォード、ウィロビーに盲目的な愛を捧げる貧しい幼なじみレティシア・デイル、美しい令嬢クララ・ミドルトン。ウィロビーは「不変の人」という名前にもかかわらず心変わりした美女コンスタンシア・ダーラムに振られたあと、クララに熱烈に求愛し、婚約にこぎつける。さて物語は、パターン屋敷で展開する。クララの父ミドルトン

ジョージ・デュ・モーリア「6つのしるしのあるティーポット」、風刺雑誌「パンチ」に掲載された挿し絵、1880年10月30日号。

博士は、結婚式にそなえて娘と一緒に花婿の屋敷を訪れる。クララはすぐに、地元の上流夫人から「磁器製の優美ないたずらっ子」というあだ名をつけられる。それがウィロビーを不安にさせた。というのも、そのあだ名は奔放な生命力を感じさせ、未来の花嫁のために買い求めた、自分の地位と財力の証となるべき美しい磁器にまったくそぐわないように思えたからである。やがてウィロビーは「その言葉が頭にこびりついて」しまい、「クララの顔にふと浮かぶ表情」が「無邪気ないたずら、自然林のいたずら」の予兆にしか感じられなくなってしまう。クララはたちどころに自己愛の強い婚約者に厭気がさし、なんとかして婚約を解消しようとする。しかし二度と恋人に振られまいと決意したウィロビーは、クララが出ていくのを許さない。柳模様物語のクーン・セーと同じく、クララは自分が望まない結婚の危機にさらされていること、パターン屋敷に囚われの身になったことを悟る（「どこもかしこも生け垣と柵だらけじゃないの！」）。そう、ウィロビーの「計画」にはまってしまったのだ。一方、ウィロビーの秘蔵ワインの虜になった父親は、クララの訴えを「からさわぎ」として相手にせず、まったく頼りにならない。[38]

　逃げだそうとするクララの試みは人々に知られ、さまざまな人物が助けに乗りだす。そのうち、誰かが花嫁への結婚の贈り物は「柳模様にするべきだった」というのを聞いたとたん、ウィロビーは怒りくるい、ずっと自分を愛してくれていたレティシア・デイルに結婚を申しこむ。ところがレティシアの目にもウィロビーの欠点が見えるようになっており、その申し出を拒絶する。最終的に、ウィロビーの二股（というよりは彼の行動パターン）がみんなにばれてしまい、クララは晴れて自由の身となる。レティシアは彼女の良識にしたがうことを条件に恥をかいたウィロビーを受け入れ、クララはヴァーノンと結婚する——屋敷の美しい庭園で何度も顔を合わせているうちに、クララはヴァーノンを慕うようになっていたのだ。物語は、相思相愛のふたりがコンスタンス湖で蜜月を過ごしたことを告げて終わる。[39]

小説の筋は柳模様物語と二重写しになっている。若い女相続人と貧しい学者、パターン屋敷の当主と貧しく、おちぶれた隣人の組み合わせ——高級な磁器は最後には、いわば、粗末な陶器と一緒になる（ウィロビーはレティシアの心を「陶土」にたとえたりするし、ヴァーノンは——著者メレディスの念頭にイギリス製の新しい陶磁器があったのだろう——「最近イギリスでつくられた、なんの変哲もない新製品」であり、ウィロビーのあとを「ぼんやりついていく」だけの存在と表現される）[40]。作中に出てくる陶磁器の比喩はかなり辛辣だ。登場人物は陶磁器の種類に応じて「分類」され、壊れた婚約はくだけ散った磁器にたとえられる。『エゴイスト』は女性に対するウィロビーの専制的な態度を浮き彫りにしながら、柳模様物語と、それにもとづくイギリス人の中国人に対する優越意識について、ほんとうにそうなのか、自分たちはどうなのかと問いかける。オハラは次のように指摘する。メレディスは柳模様物語を「鏡として用い、そのなかにヴィクトリア朝の社会を映しだす。それによってイギリス人集団の〝われわれ〟は、東洋人の〝彼ら〟と同じくらい」——とくに女性のあつかいにおいて——「野蛮であることがあきらかにされるのだ[41]」

一方、この伝承の暴力性に着目した小説も多い。想像の翼を広げ、家父長的サディズムをさまざまに料理できることが、柳模様の大きな魅力のひとつなのだろう。ロバート・ファン・ヒューリックの推理小説『柳園の壺』（1965年）は、粉々になった柳模様の花瓶が殺人、妓女、レイプ未遂事件などがからんだ謎を解く鍵になる。[42] 同じく、人気テレビドラマにもなったウィクリフ刑事シリーズで有名なW・J・バーリーも、『柳模様の死 *Death in Willow Pattern*』（１９６９年）で柳模様物語を犯罪のモデルに――そして庭園を舞台に――した。リー家の地所には柳模様そっくりの景観がつくられている。上に反った屋根が特徴的なマンダリンの館や仏塔、柳の大木、装飾的な柵、島、舟がそろった庭園は、１８００年頃に変わり者の先祖がこしらえたものだった。やがて近所の少女たちが行方不明になる事件が発生し、捜査によって、庭園の地下に拷問室などの隠し部屋があることが判明する。「柳模様庭園」はリー家の狂気のしるしであり、共犯者の役目を果たしていたのだ。庭園をつくった先祖は、秘密の地下で少女たちを拷問し、レイプし、殺していた。その狂気は、彼の子孫たちに否応なく伝わっていったものらしい。ここでは、柳模様物語は遺伝と惨劇の物語の母体となり、庭園は文字どおりその表象となっている。[43]

バーリーの小説で注目すべき点は、由来話の特徴である性と殺人（および盗みと酒）をそなえていることだけでなく、特定の皿――バーリー社が製作した柳模様――をモデルにしていると思われるところだ（著者バーリー Burley とバーリー社 Burleigh はスペル違いで発音は同じである）。陶器メーカーのバージェス・アンド・リーは「バーリー」とも呼ばれ、19世紀から柳模様の食器を製造している。バーリー社独特の柳模様には、バーリーの推理小説を彷彿させる要素が多い。たとえば、島の上や意匠を凝らした柵のそば、建物のわきには瓦礫を積んだような岩があり、拷問室の入口や換気口の目印だった瓦礫の山を思わせる。柵の横にたたずむ人物は、まるで庭園を徘徊する耳も聞こえず口もきけない男のようだし、橋の上の真ん中の人物がかかえている長い包みは、リー家

バーリー社の柳模様の皿、1920年代、陶器に転写印刷。

の召使いが運ぶ死体袋であってもおかしくはない。

家庭や植民地、軍事の暴力性（ウィリアム・ハミルトン・キャナウェイの1976年の小説『柳模様戦争 *The Willow Pattern War*』など）を題材にしているかどうかにかかわらず、柳模様の文学はたいていの場合、若い恋人たちの側に立つ。しかし、そうしたなかでの際だった例外が、ピューリッツァー賞を受賞した詩人ジェイムズ・メリルの「柳模様のティーカップ The Willowware Cup」（1972年）だ。この模様と物語に着想した文学のうち、これはもっとも美しく示唆に富む作品のひとつであり、型どおりの男女の恋愛讃歌にとらわれない読み方を示す。詩のなかで、船乗りの恋人が去っていったばかりの語り手は、娘にではなく、その父親に自分を重ねあわせる。彼は思う——悲しみに打ちのめされた父親は「この世での愛着を断ち切った」に違いなく、愛着というものは薄れてゆくのだと。そして恋人が去れば「体に入れた刺青のインク」が古びて色褪せていくように、愛着も「はやくひび割れた組織のなかに混ざっていってくれ」と願う。愛と喪失の絶頂のあと、人と人とのつながりが意味を失い、絆が断たれることを柳模様が示唆しているのだとすれば、それはやはり悲しみのように、刺青のように、愛する者と愛される者をつなぐ「青い錨」の役目を果たしていることになるだろう。なぜなら、「内側の水平線をとりまく古い奇妙な模様はなにひとつ欠けずに残っている、まるできみのことだけを考えているように」[44]。柳模様の食器は、メリルのほかの作品にも幾度か登場する。1978年の詩集『ミラベルの数の書』では、柳の木そのものが押し殺した寂しさの表現となっている。「おおぜいの老女が泣いている　柳の木のなかで」[45]

高尚であろうとエンターテインメントであろうと、ほとんどの人が気づかない要素や意味を著者があぶりだしていようと、柳模様の文学は「みんながこれをよく知っている」ことで成り立っている。そういう意味では、これを題材にする現代陶芸家の作品も変わりはない。彼らの作品は、わたしたちが柳模様をどの程度理解しているかだけでなく、陶芸の可能性についても問いかけてくる。つまり、この芸術分野が、青と白の陶磁器に代表されるような家庭生活の幻想や、機械化によって可能になった柳模様の大量生産と模様の牧歌的風景のあいだに横たわる齟齬《そご》などを伝える手段になりうるのか、あるいは鑑賞にたえられるのか、という問いかけだ。

ロバート・ドーソン「遠近法の柳1」、1996年、ボーンチャイナに印刷。

著名な陶芸家ロバート・ドーソンは、ウェッジウッドから「アフター・ウィロー」という限定版シリーズを出した。同社の古典的な柳模様を素材に、オリジナルの模様と転写印刷製造の切り抜き、貼りつけ、サンプリングの技術をデジタル処理でアップデートして前面に押し出し、刺激的な作品に仕上げている。最新技術を用いれば、遠近感を探ることもできる。シリーズ中の二作品は、柳模様に関して19世紀の批評家たちがこぞって指摘した「遠近感」の問題に取り組んだものだ。「遠近法の柳1」では、ドーソンは人々の潜在的視点を刺激するために模様を回転させ、白い皿の上に柳模様の皿が浮かんでいるような構図にして、皿の平板性とだまし絵効果をたくみに組み合わせた。

ロバート・ドーソン「不透明な柳模様」、2003年、ボーンチャイナに印刷。

そうすることによって、ドーソンは皿の二種類の使い道を示す。ひとつは、食卓において実際に使う方法。もうひとつは、装飾品として棚や壁にかける方法である。ひとつの皿に水平性と垂直性が同時に存在するため、「食器とは使うもの」という思いこみが揺らぎ、「食器は装飾品にならない」という単純な決めつけはほんとうなのか、という疑問を浮かびあがらせる。[46] さらにドーソンは、あってもおかしくはない遠くからの視野を提供することによって、柳模様に欠けている遠近感を正しているような錯覚を生みだす。皿の方向性が定まっていないことに加え、見慣れた柳模様と「修正版」が同時に手に入ったような感覚が、見る者を落ち着かない気分にさせる。

「不透明な柳模様」でドーソンが注目したのは、模様と物語にまつわる謎である。焦点はぼやけており、右下の縁取りしかはっきりと見えない。もちろん柳模様にはなじみがあるから、よく見えなくてもその図柄はすぐに思い浮かぶ。しかし不透明な皿は、時間が流れて記憶が薄れていけば、模様ばかりかその重要性も移ろっていくことを示唆している。一方、ある批評家は、この皿の「ぼやけて乳白色」になった表面は、「長年洗われてきたせいで柄がはげた」ことを表現しているのだろうと述べた。[47] 直接的に考えるにせよ、比喩的に受けとるにせよ、この柳模様があわせ持つ普遍性と曖昧性がドーソンの作品の主題であり、ごく身近な存在がどれほど不確かで見知らぬものであるかを示している。

カレン・ライアンの「セカンド・ハンド」も、家庭生活で見過ごされたり、無視されたりされがちな面を探ったシリーズだ。ライアンは古い皿の模様の一部だけを残すことによって、以前はうまく覆い隠されていた内容をあきらかにする。ライアンが柳模様に見つけた言葉は、「美」「愛」「傷」「激打」「暴力」「嘘」。文字はかつての柄を用いて描かれており、「嘘（LIES）」の場合、「E」の下の横棒は屋敷の土台のレンガ、「I」と「E」の縦棒は館の柱が使われている。「L」の縦棒は小さめの建物の外壁、横棒は館につながる芝生、湾曲する「S」は庭園の木と石である。模様の大部分が消され、目立つ文字が描かれているにもかかわらず、これは一目で柳模様だとわかり、理想的な家庭にうってつけの品とされてきた嘘の歴史を暗示する。しかし、柳の木は「F」にも読める。そのとたん、ライアンの作品は模様に「飛ぶ（FLIES）」ものを見せてくれる。それは自由を

カレン・ライアン「セカンド・ハンド　嘘」、2009年、陶器の改作。

求めて逃げだし、二度と虚偽の建物に囲われることのない恋人たちの姿だ。

陶芸家で理論家のポール・スコットも何度か柳模様を題材にしている。スコットのカンブリアン・ブルー・シリーズの二作品は柳模様を改変して、今も牧歌的なインテリアで家庭を飾りたがる人間が、無慈悲な工業化で自然と風景をどれほどそこねているかを浮き彫りにする。２０００年に制作された「セラフィールドのためのミレニアム・ウィロー、もしくは原子力よ永遠に（いずれにせよ２万４０００年は残る）」では、マンダリンの館はカンブリア州セラフィールドの原子力発電所と核燃料再処理工場に、巨大な果実の木はもくもくと煙を吐きだす煙突に、舟は産業用の荷船におきかえられている。いたんだ柳や、キジバトではなくドバトに見える鳩は、この地域が汚染されていることを示す。

ポール・スコット「スコットのカンブリアン・ブルー　セラフィールドのためのミレニアム・ウィロー、もしくは原子力よ永遠に（いずれにせよ2万4000年は残る）」2000年、イングレーズ転写絵付け、ロイヤル・ウースター社の金線縁取りのボーンチャイナ。

１９５７年の原子炉火災事故による大規模な放射能漏出と、その後の数十年間に起きたさまざまな事故や故障は、環境に深刻な汚染を引き起こした。

１９９８年、原子力プラントの16キロ圏内のドバトはすべて駆除された。圏内の高い建物に巣をつくり、周辺地域に放射能を運んでいたからである。[48] 縁取りの饕餮《とうてつ》の丸い目は、放射能警告サイン、髑髏と骨の毒物警告サインにかわっている。この風景の荒廃した雰囲気は、日本、ドイツ、スイス――プラントの欠陥を無視して最大の顧客となっていた国々――の国旗を手に橋上を避難する人々によっていっそう鮮明となる。オリジナルの柳模様の生産を可能にした工業化と再利用技術は、ここでは想像を絶する破局をもたらしてしまった［セラフィールド原子力発電所は2003年に稼働停止し、現在は廃炉作業が進められている］。

スコットの「フェンス・シリーズ 4番（柳）」（2006年）は、産業資本主義の論理がプラントや工場以外にも、人間がかかわる風景のいたるところに影響をおよぼしてきたことを表現している。この作品では、ジグザグの柵はまっすぐになり、柳に近づくのを禁じる役目を果たす。この柳はなにかの象徴というより、財産なのだ。二羽の鳥はようやくそれとわかる程度の大きさでしかないため、視覚的にも物語的にも重要な存在ではなくなっている。構図にしても、上から眺めるような視点があるわけではなく、皿の模様はただじっとしており、いかなる意味でも想像の余地がない。管理された、退屈な風景――オリジナルの柳模様の庭園をにぎわしていた要素は取りはらわれて、不毛な結論が導きだされている。

柳模様を産業化やグローバル化のシンボルに用いて、それらを推進してきた人間自身の生活が画一化されたことや、ときにはそこから生まれる暴力を表現するアーティストは多い。歴史的な出来事もまた、柳模様を使って描かれた。そうした例のひとつが1942年11月14日の「ニューヨーカー」誌の表紙を飾った絵である。柳の木にはスナイパーが隠れている。これは戦場の風景だ。舟は戦艦に、二羽のつがいは戦闘機になり、ジグザグの柵は鉄条網で覆われ、庭園にはところせましと大砲がすえられている。橋をわたって逃げるのは恋人たちではなく日本人、その姿に向かって地上部隊やスナイパーが銃弾を浴びせる。漫画家チャールズ・アダムズ（『アダムス・ファミリー』

ポール・スコット「スコットのカンブリアン・ブルー　フェンス・シリーズ　4番（柳）」2006年、イングレーズ転写絵付け、リンショーピン社（スウェーデン）の金線縁取りの磁器皿とのコラージュ。

チャールズ・アダムズ「ブルー・ウィロー」、1942年の「ニューヨーカー」誌の表紙。

の原作者）は、ブルー・ウィローの磁器に投影された「平穏な家庭生活」のイメージを逆手にとり、泥沼化した日中戦争を描いてみせたのである（『アダムス・ファミリー』が理想的なアメリカ人家族を逆手にとったのと同じ手法といえる）。

オーストラリアの陶芸家ゲリー・ウェッドは、柳模様を「爆弾を仕込むのにはもってこいの静かな場所」と表現する。[49] ウェッドのように、柳模様の物語やイメージとはかけ離れた新要素をつけくわえるアーティストもいれば、柳模様自体の分断されたデザインや、あるかなきかの潜在的な暴力性に着目するアーティストもいる。物語のなかで、柳はある意味、恋人たちの運命を懸けた逃避行をカウントダウンする役目をになう（チャンは柳の尾状花序が落ちる前にクーン・セーを助けださなければならない）。ふたりの現代陶芸家は、物語の「爆発の危険性」に直結する陶製《セラミック》兵器を制作した。

コンラッド・アトキンソンは、世界の紛争地に存在する地雷の撲滅キャンペーンのため、1996年に素焼きの爆弾の制作をはじめた。「柳模様地雷」はそんな彼の作品のひとつである（図版参照）。アトキンソンが制作する地雷は、ほとんどがイタリア軍のヴァルマラ69という跳躍地雷をモデルにしている。これは触角のように分かれた点火装置に圧がかかると作動して跳ねあがり、腰の高さあたりで爆発して、内部の金属球を周囲に飛散させることによって人々を殺傷する。アトキンソンによれば、地雷はマクドナルドと同じくグローバル化の代表例だという。この作品では、世界中に広まった柳模様を、世界中に存在する数億個の対人地雷（1億個以上が埋設され、残りは倉庫で保管中）になぞらえた。この作品はまた、防弾チョッキからミサイルの弾頭まで、セラミッ

コンラッド・アトキンソン「地雷（ブルー・ウィロー）」1996年、素焼きの陶製地雷にグレーズ転写と手描き。

クが軍事利用されていることにも注意をうながす。とはいえ、セラミック爆弾は13世紀から製造されており、第2次世界大戦中はアメリカと日本で大量生産された。日本では、日本有数の窯業の地である有田でも量産がおこなわれたという。[50] 戦闘員だけでなく一般市民や子供まで、そして紛争終了後も撤去されるまで、人間を殺傷する対人地雷を禁止するオタワ条約には約160か国が加盟しているが、おもな製造国である中国、ロシア、アメリカなどは参加していない。現在も続いている地雷の製造、国際的な販売、敷設を考えれば——そのほかの陶磁器の軍事利用はさておいても——「輸出用磁器」という言葉には、新たに警告の意味が加わったといえるだろう。

アトキンソンは、陶磁器の模様以外にも、有名な絵画などを用いた地雷をつくっている。「マイニング・カルチャー Mining Culture」というシリーズ名は、アトキンソンがそこにこめた多様な意味を物語る。[51] 人々がよく知る絵のうちでどれを作品に用いればよいか、歴史を深く掘り下げることもそのひとつ。また、陶磁器製造における鉱床《マイン》の役割を伝え（陶土やコバルトの入手など）、大半が地下や倉庫に埋もれている地雷《マイン》という軍産複合体の産物を白日の下にさらす役割も果たしている。さらに重要なのは、高度な文化の普及に役立ってきた大量生産技術が有する「文化そのものをむしばむ能力」をあきらかにしていることだ。いや、ここでは美と経済、軍事の「価値」を切り離して考えることができない、というほうがいいかもしれない——アトキンソンの地雷は金箔で飾られ、釉薬をかけられ、国際的に通用する商品の魅惑に輝いている。

同じように、チャールズ・クラフトが柳模様の鳥を配した磁器製手榴弾は、上位文化と下位文化、芸術と応用美術の定義に疑問を投げかける。クラフトは、「ディザスターウェア」（デルフト焼を思

チャールズ・クラフト「鳥のいる手榴弾」2010年、手描きの磁器。

わせる青と白の陶器を用いて20世紀の惨事《ディザスター》を描いた作品）で有名な作家である。たとえば、ヒトラーの立体的な頭部をポットにみたてた「ヒトラー・ティーポット」。また、故人の骨灰でつくる「スポーン」（骨灰を入れた骨壺の役割を果たすメモリアル製品と考えればいい）は、陶磁器にそなわる追悼要素を極限までつきつめたものだ。クラフトの柳模様手榴弾は繊細な、手描きの磁器で、艶のある木彫りの花瓶スタンドの上にのっている。そのなめらかな球形を見ると思わず手でふれたくなり、優美でシンプルなフォルムに感嘆の念がわく——なぜか、この小型爆弾が非業の死を遂げて鳥になった恋人たちにふさわしい、美しい入れ物のように思えてくる。二羽の鳥はクイントナーが述べるように、物語とデザインの「要」である（それがないと剥きだしの構図しか残らない）[52]。クラフトの二羽は、手榴弾の安全ピンのすぐ下で羽ばたいている。クラフトは手榴弾や銃器を制作する際、つねに本物の武器を型取りした。柳模様手榴弾のモデルは、アメリカが第2次世界大戦末期に開発したビーノT13。兵士が野球のボールと同じ要領で投げられるように、ボールと同じ大きさと重さに設計されていた。そのせいか、作品は目だけでなく手にも訴えかけてくる。これを投げたら、それは文字どおり恋人たちの飛翔になるだろう。そして地に落ちて砕け散ったとき、二羽の鳥は磁器の檻から解放され自由へ飛び立つ。装飾品と爆発物という、一見つながりのない分野を連携させることで、アトキンソンとクラフトは、ほんとうに大切にあつかうべきオブジェを制作している。

最後に、ちょっと暴力の世界から離れて本章を締めくくろう。ここで紹介するレッド・ウェルドン・サンドリンは、伝統的な陶磁器の形状や、それにまつわる神話、儀式、物語を探求している作家である。「ブルー・ウィローの静かなベールの向こう側」という作品は、木製の本の土台に、絵付けをした彫刻的な陶器がのっている。ショウガ壺とティーポットを組み合わせたものだ。胴体が丸く、蓋付きのショウガ壺（中国人はそれにショウガの砂糖漬けを入れて輸出した）は、そのたっぷりとした形状で昔から西洋の静物画家を魅了してきた。中国では、スパイスや油、ショウガなどの食物を入れる容器として壺を用い、用途別に色分けをした。白地のショウガ壺は伝統的に結婚祝いの贈り物とされてきたもので、サンドリンは青と白の壺とティーポットに、家庭の平和を支える象徴的な品の役割を与えている。

レッド・ウェルドン・サンドリン「ブルー・ウィローの静かなベールの向こう側」2001年、手描きの陶器と木。

柳模様物語と同じように、サンドリンの作品も怪しげなマンダリンを中心に展開する。マンダリンの目つきによって、わたしたちはつい作品の周囲をめぐらされてしまう。壺の下方に描かれたマンダリンの顔の裏側にあるのは恋人たちの頭——彼の娘と秘書の恋は、文字どおりマンダリンの後ろで生まれ、燃えあがったのだ。ふたりの恋は壺のふくらんだ部分で進行していく。物語の重要な場面——クーン・セーがチャンにメッセージを送り、ふたりで橋をわたって逃げ、舟で脱出するところ——は、窓のようなくぼみに描かれており、あたかも恋人たちがショウガ壺のなかへ消えていくような錯覚を起こさせ、このどこか官能的な壺に入れられるスパイシーでねっとりした砂糖漬けと恋人たちの生活が、二重写しになってくる。壺の上には、小枝の柄がついたティーポットがおかれている。そこは鳥に変わりつつある恋人たちが、つかのま憩う止まり木となる部分だ。ティーポットは神々が恋人たちを連れ去ったように、持ちあげて運ぶことができる。この作品を眺め、物語を追った人々に、恋人たちの脱出を確実なものにせよと誘っているかのようだ。

サンドリンの作品にはティーポットと本を組み合わせたものが多い——どちらにも読める葉がたくさんはいっている。作家自身の言葉を借りれば、本には「物語、情報、教訓が含まれています。ティーポットは、さまざまな考えを入れておく場所というたとえです。それらは濾過され、抽出され、浸され、注がれたときに充足と理解をもたらすでしょう[53]」。それでは、次の章で柳の文学の探究に向かおう——そこから得られる充足と理解を求めて。

第4章　散文と詩の木

古今東西の詩と散文で、柳は豊かに言葉の世界をいろどってきた。詩人たちは柳で感情や思いを表現し、散文では、驚くほど多彩なモチーフとなってほぼあらゆるジャンル――ミステリー、ホラー、ファンタジー、ロマンス、児童文学、純文学など――に繰り返し登場する。主要な作品に描かれた柳のモチーフを見ていくと、喜び、悲しみ、邪悪、赦し、時の流れ、環境意識など、この木にどれほど多くのことが仮託されてきたかよくわかる。

西洋では、柳と詩は密接にむすびついている。古代ギリシアでは、柳はイテア（ἰτέα）とも、ヘリケ（helike）とも呼ばれた。[1] ヘリケは、文芸をつかさどる9人の女神《ムーサ》が住むヘリコン山と、そこから湧きでる水に由来する。また、柳の葉を揺らす風の音――柳に吹く風――は昔から詩想の同義語とされてきた。言語学者で文学理論研究家のローマン・ヤーコブソンが、母国ロシアの民話に出てくる「柳の木の下を通る少女」を用いて言語の詩的機能を説明したのは、偶然ではない。ヤーコブソンによれば、柳はその少女をあらわすものになる。植物としての姿を失うわけではないが、詩的な意味を獲得して、「ふたつの意味を持つメッセージ」を伝えるようになる。この意味の揺らぎが生まれたとき、言語は文芸とむすびつく。単語の音と意味をつなぐ鎖は断たれ、異なるものや領域とのあいだに橋がかけられ、新たな意味の可能性を押しひろげていく。[2] これから見ていくように、柳はさまざまな領域をつないでおり、とくに詩の世界で活躍する。

フランスの哲学者ガストン・バシュラールは詩的想像力の研究でも名高い。詩的な情景をつなぐものとして、バシュラールは何度か柳をあげている。「時を忘れて柳の木の下で遊んでいた子供は、泡だつ川の流れをものともせずに草原から草原へとおもむき、ふたつの世界の主《あるじ》となる。どれほど多くのイメージが自然から生まれていることか![3]」。ドイツ語の「ヴァイデ（Weide）」は柳、野原、草原を意味する。フランス語では、柳は「ソール（saule）」、土壌や地面は「ソル（sol）」と、これも非常によく似ている。水辺に植えられることが多く、そうした習性を名前に関連づけられる柳は（sal-lis は水の近くという意）、地と水の境界を示す役割を果たしているのだ、とバシュラールはいう。柳はまた、詩人や子供がのぼる梯子となり、大地と空をつなぐ。ロマン派の先駆者シャトーブリアンは思春期の頃、屋敷の柳の木にのぼり、「そこに巣をかけたように座って」、「地上と天上のはざまでただひとり、さえずる鳥にかこまれながら何時間もすごした」。そのときに思い描いたニンフ、朝露のようにきらめく物思い、ナイチンゲールの歌、風のささやき。それらは彼の詩的な回想録『わが青春』にきざまれた。[4]

ルーマニア出身の貴族マルト・ビベスコ公妃の『イズヴォール——柳の里 思い *Isvor: The Country of Willows*』は、第1次世界大戦中に国外追放となった著者が、帰れぬ祖国への熱い思慕を胸に綴った小説だ。「遠くからは、どの村も柳の塊のように見える」。そして柳の変幻自在な姿が美しい筆致で描かれる。

風は気がつかないうちに巻き起こり、不意に目の前に現れた。池の葦が折れまがったかと思うと、柳がいっせいに同じ方向へなびいた。風にあおられる銀色の葉裏は、放たれた矢のよう、白い小魚のよう！　漁師が網を干した木には無数の小魚が群れている[5]！

大地、水、空をつなぐ柔軟な柳は、多くの作品でさまざまな境界――自然と文明、子供時代と成人期、牧歌的生活と国外追放など――のたとえに用いられている。ヨーロッパの伝統と同じく、東洋の文学でも柳と詩人、女性、悲しみとのむすびつきは強い。

中国では、柳は昔から学者や詩人と密接な関係があった。「思索や詩想のためにこの木の生い茂る河畔や湖畔に隠遁する」人々が多かったからである。東晋の詩人陶淵明《とうえんめい》は、田園の自宅の門前に植えた5本の柳にちなんで「五柳先生」と号した。こういった、いわば柳型の著述家の隠棲所を描いた絵はじつに多い。[6]「柳亭対弈《りゅうていたいえき》図《ず》団扇《うちわ》」も、そんな住まいの静けさをよくあらわしている。ふたりの詩人が座る風通しのよい部屋からは、向こうに広がる丘や川、森が見わたせる。家の上に枝を垂らす柳のように、彼らは日常生活でも、心のなかでも、風景に向かって開かれているのだ。

東洋では、柳はよく思索の場としての自然の象徴にされるが、中国文学では遅くとも漢代（前２０２～後２２０年）から、女性の美を形容する言葉として用いられてきた。そのたとえが花開

趙令穰《ちょうれいじょう》（伝）「柳亭対弈図　団扇」13世紀なかば、絹本著色（けんぽんちょしょく）。

いたのは、漢詩（広義の中国古典詩）の「黄金時代」といわれる唐代（618～907年）である。身体や容貌のさまざまな部分が柳にたとえられたが、細くしなやかな腰をあらわす「柳腰」は、美人の形容として詩をさまざまにいろどった。劉禹錫《りゅううしゃく》は「楊柳枝詞」で、樹木と女性の美の競演をうたっている。「花萼楼前　初め種《う》えし時　美人　楼上に腰肢を闘わす（花萼楼の前に植えられたばかりの頃は　楼上の美女がしなやかな腰の美しさを競ったものだった）」[7]

優美に弧を描く理想的な眉は「柳眉《りゅうび》」と呼ばれ、女性の陰毛は「柳影《りゅうえい》の奥深くにある」とされた。[8] 全身の優雅な動きも柳のようだった。9世紀の詩人李商隠《りしょういん》は、目鼻立ちなどの美しさよりも、その人がかもしだす流麗な印象のほうが重要だと考えた。「解《と》く相思有りや否や　応《まさ》に舞わざる時無かるべし……傾国宜《よろ》しく通体なるべし　誰か来《きた》って独り眉を賞ず（柳にも恋があるのだろうか　風が吹くかぎり枝葉の舞いがやむことはないようだ……国を傾けるほどの美女の美しさは肉体のすみずみに存在するものだろうに　柳の眉だけを愛でに来る野暮な男は誰なのか）」[9]。また、唐の第6代皇帝玄宗の寵姫で、古代中国四大美人のひとりとされる楊貴妃は侍女の舞いを詩によみ、かぐわしい香りをただよわせる舞いを水辺にそよぐ柳にたとえた。「羅袖《らしゅう》香を動かして香已《や》まず……嫩柳《どんりゅう》池辺《ちへん》に初めて水を払う（衣裳にたきこめた香が舞うにつれて袖から絶えずただよい流れ……若芽の柳の枝が池の水面の上でゆるやかに揺れているかのようだ）」[10]

春のシンボルであったことから、柳は春をひさぐ女性——客の男性をその気にさせ、「柳の情（性欲）」を満足させる妓女［中国の遊女や芸妓］にはぴったりの言葉だった[11]。やがて柳は「花街柳《かがいりゅう》巷《こう》」や「花柳苑」など、都会の遊郭をさす符丁になる。長安の色町の章台《しょうだい》には、おおぜいの「章台柳」がいた。「章台で柳を手折る」は妓女を買うという隠語で、「木陰で一休み」「柳のなかに横たわる」も同じ意味である[12]。唐代の詩には色町をよんだものも多く、妓女はよく柳にたとえられた。しかし、詩をよむのは学のある客の専売特許というわけではなく、当の「柳」も返歌をしたことを考えると、なかなか興味深い。8世紀なかばの詩人韓翃《かんこう》は、あるとき愛人の柳氏に次のように書き送った。

章台の柳
章台の柳

昔日《せきじつ》の青青は今在《あ》りや否や
縦使《たとひ》長條《ちようじよう》が旧に似て垂《しだ》るるも
亦応《またまさ》に他人の手にて攀折《はんせつ》さるべし

（大意：章台の柳よ　章台の柳よ　昔の若々しい色香はまだ残っているだろうか　たとえ長い枝が昔のようにしだれていたとしても　きっとほかの男に手折られているだろう）

男のこの身勝手な言い分に、柳氏は手折られる苦しみと見捨てられていた恨みでこたえた。

楊柳《ようりゆう》の枝《えだ》　芳菲《ほうひ》の節《せつ》
恨む所は年年離別に贈らる
一葉《いちよう》　風に随《したが》ひて忽《たちま》ち秋を報ず
縦使《たとひ》君来《きた》れども豈《あに》折るに堪えんや[13]

（大意：柳の枝がかぐわしく美しい季節となりました　恨めしいのはいつの年も別れのはなむけであることです　落ち葉が一枚風に舞ってはやくも秋が来たことを告げる　たとえあなたが来ても枝を折って別れることに耐えられないでしょう）

別の妓女も自分の苦しい身の上を嘆いている。

我に攀《よ》づること莫《なか》れ
我に攀づるは太《はなは》だ心偏《いや》し
我は是曲江池に臨む柳
者人《このひと》折り那人《かのひと》攀づ
恩愛一時《ひととき》の間

（大意：わたしに登らないで　わたしに登るなんてあまりにひどい　わたしは曲江という池のそばの柳　この人に折られたりあの人に登られたり　つかのまかわいがられるだけにすぎない）[14]

妓女は若さを失ってくると、「色褪せた柳」になる運命だった。[15] 劉禹錫は『楊柳枝詞』で美女と柳が渾然一体となって妍を競うさまを描いたあと、色褪せた寂しさをこうよんでいる。「如今　長街裏に抛擲《ほうてき》され　露葉啼くが如く誰をか恨まんと欲す（今は大通りにうち捨てられ　葉にたまった露は涙のよう　誰を恨んでいるのだろうか）[16]」

柳の比喩はさまざまな感覚に訴え、一体になることへの願望がこめられているからだろう、やがて来る別離の予感がともなう。中国には、旅立つ人に柳の枝を贈る習慣があった。とどまることを意味する漢字「留《りゅう》」と「柳《りゅう》」が同じ音のせいかもしれない。[17] ただ、こうした贈り物は「友人の魂をむすびつける」という意味はあったが、再会を約束するものではなかった。[18] 9世紀に周徳華がよんだ「楊柳枝詞」からは、そんな別れの情景がよみがえってくるようだ。「清渓一曲　柳千條　二十年前　旧枝橋　曾《かつ》て情人と橋上で別れ　更《さら》に消息なく今日に到る（ゆるやかに曲がる美しい川　そのほとりにならぶ無数の柳　二十年前の昔　古い木の橋の上で　愛しい人と別れた　それからなんの便りもないまま今日になる）」[19]。こうした別離は多くの詩でよまれた。ときには、風景の描写全体が別離の苦しさをうたうものもあった。北宋の詩人蘇軾《そしょく》が1087年につくった詩では、文字どおり風に舞い、地や水に落ちる柳絮《りゅうじょ》——ここでは柳の花とよまれている——が泣いている。「細かく看《み》来れば　是楊花《これようか》ならず　點點是離人《てんてんこれりじん》の涙なり（よくよく見てみれば　これは柳の花が点々としているのではなく　はなればなれになった人の悲しみの涙の粒である）」[20]

日本人は中国の楊柳詩を自国の文化に取り入れた。8世紀につくられた日本最古の漢詩集『懐風《かいふう》藻《そう》』では、唐詩と同じく、ほかのどの植物よりも——松、竹、梅よりも——柳が多くよまれた。[21] 洗練された宮廷文化が花開いた平安時代の貴族たちは、和歌や文《ふみ》のやり取りをする際にも美しい色の紙を用い、その色にあわせて選んだ季節の花や木の枝などを添えたりして、送り手の美意識を示した。1000年頃、一条天皇の中宮定子《ていし》に仕えた清少納言が記した随筆『枕草子』の「なまめかしきもの」の段には、「薄様の草子。柳の萌え出でたるに、青き薄様に書きたる文つけたる」とある。[22] のちに、柳は詩そのものに強くむすびつく。江戸期の作者は好んで筆名に「柳」をつけた。たとえば、戯作者の柳亭種彦《りゅうていたねひこ》、前句付点者《まえくづけてんじゃ》の柄井川柳《からいせんりゅう》［出題された七七の短句（前句）に五七五の長句

（付句《つけく》）をつける点取り競技の評点者」。前句付は江戸で大流行し、やがて付句だけが独立してよまれるようになった。軽妙洒脱な味わいの狂句は、江戸随一の点者とされた柄井川柳にちなみ、「川柳」と呼ばれる。江戸期には『柳多留《やなぎだる》』『柳の葉末《はずえ》』などの句集が編まれた。[23]

柳が異なる領域の架け橋となったのは、ヨーロッパも日本も変わらない。たとえば、季節――「山の際《ま》に雪は降りつつしかすがに　この河楊《かわやぎ》は萌えにけるかも」[24]は万葉集の歌である。また、こうした一時期の橋の役割だけではなく、目に見えないものをあきらかにし、目に見える世界と見えない世界をむすびつけたりする。ある俳人は、「柳は絵筆を持たぬのに風を描く」と感嘆している。[25]柳は喜怒哀楽の情を映しだすかたわら、人々の境遇にも寄り添った。18世紀の俳人与謝蕪村は「梅ちりてしばらく寒き柳かな」[26]とよんだ。蕪村には、死すべき人間の運命を柳に重ねあわせた句もある。「一軒の茶見世の柳老《おい》にけり」[27]

中国同様、日本でも柳と遊女のかかわりは深い。女性の容姿の美は、細くしなやかな腰をさす「柳腰《りゅうよう》」（訓読みではやなぎごし）をはじめ、目鼻も柳にたとえることが可能といわれたし、しなやかで美しい髪も「柳髪《りゅうはつ》」と称えられた。柳は遊郭（花柳街）の出入り口に植えられ、遊郭内の楽しみを暗示するだけでなく、この世と異界の境を示す象徴の役割をになった。江戸最大の紅灯の巷、吉原遊郭の大門近くにあった柳は「見返り柳」と呼ばれたものである。[28]浮世絵の題材にもたびたび取りあげられ、吉原から帰るときには名残を惜しんで振り返り、これから行く男には歓楽を約束する目印だった優美な柳の姿を今に伝える。歌川広重の「江戸名所　新吉原日本堤見返柳」（1853年、図版参照）は、遊郭をあとにする男たちのようすを描いたものだ。提灯を持つ女た

歌川広重「江戸名所　新吉原日本堤見返柳」1853年、木版画、多色摺り。

ちに見送られる客のなかには、去りかねて「見返っている」男の姿もある。

怪談の世界にも、魅力的な柳の女性が登場する。日本にはさまざまな「青柳《あおやぎ》の物語」が伝えられているが、基本的な筋は変わらない。15世紀に、友忠《ともただ》という若い侍が主命をおびて旅に出た。ところが途中で吹雪に見舞われ、3本の柳の木のそばに粗末な小屋があるのを見つける。そこに住んでいた老夫婦とみだれ髪の若い娘は、快く友忠をもてなし、友忠と娘は歌を交換するうちに恋に落ちてしまう。美しい娘は名前を青柳といった。武家は主君の許しなく結婚はできないのだが、娘に心を奪われた友忠はひそかに青柳を妻とする。しかしふたりの幸福な暮らしは、数年後にとつぜん終わりを迎えた。にわかに倒れた青柳は、息を引き取る間際に自分は柳の精であると告白する。妻亡きあと諸国を行脚する僧となった友忠が青柳の両親の家に立ち寄ったところ、そこにあるのは3つの切り株だけだった。[29]このラフカディオ・ハーン（小泉八雲）の物語に感銘

バーサ・ラム「青柳」1907年、多色木版、紙。

を受けたバーサ・ラムは、柳の木の前に立つ青柳の木版画を制作した。青柳の顔は地面を覆う雪のように白く、着物は青い影に染まり、柳の枝が風にみだれる髪のごとく青柳のまわりに渦巻いている。

中国と日本の柳が官能的で、肉感的で、憂いをおびているとするなら、ペルシアの伝統はそれを上まわり、極限まで推し進めている。ペルシア語ではシダレヤナギを「ビード・マジュヌーン Bid-i Majnun」といい、ビードは柳、マジュヌーンは狂人をあらわす。アラビア語でも「マジュヌーン（majnun）」は、狂人や取り憑かれた人を意味する。このイメージは、イスラーム圏で広く知られたアラブ遊牧民の伝唱「ライラとマジュヌーン」に負うところが大きい。12世紀ペルシアの詩人ニザーミー・ギャンジャヴィーもこの物語を題材に、不朽の悲恋詩を書きあげた。詩によれば、ある族長の息子カイスは、名門の美しい乙女ライラと激しい恋に落ちる。しかしライラの父はふたりの結婚を認めず、娘を地位の高い男に嫁がせる。すでに恋の狂気のためにマジュヌーン（狂人）と呼ばれていたカイスの狂気はいよいよつのり、生ける屍のようになりながら荒野をさまよう。やがて失意のうちにライラは病に倒れ、のちにその墓のかたわらで恋に殉じた若者の骨が見つかる。[30] シダレヤナギ（Bid-i Majnun）のしだれた枝、揺れる葉は、文字どおり恋に憑かれてさまよう人間の姿そのものといえるだろう。またムガル帝国の細密画には、憂いを含んだ女性がシダレヤナギの下で物思いにふける姿がよく描かれている（図版参照）。

西洋の詩でも、柳は愛と喪失、不合理な世界への落下にからめて描かれる。古代ギリシア神話の吟遊詩人オルフェウスは、竪琴を奏でながら歌えば石の心まで動かすといわれたほどの名手であり、

ムガル帝国細密画、18世紀。

その詩の才能は柳であらわされた。２世紀ギリシアの旅行家パウサニアスによれば、紀元前5世紀にポリュグノトスがデルフォイのアポロン神殿に描いた壁画には、詩人が「ペルセポネの聖なる杜《もり》」のなかで「左手に竪琴、右手に葉の茂る柳の枝を持ち」、丘の上に座っている姿があったという。[31] オルフェウスが亡き妻を慕って冥界へ下っていったときも、手に柳の枝を持っていた。妻を連れ戻すことには失敗したものの、オルフェウスの黄泉下り――研究者の多くはこれを「意識に支配されない不合理の世界へはいっていった」と考えている――は、詩想の源になったのである。

ボヘミア生まれのドイツの詩人ライナー・マリア・リルケは、１９２２年に『オルフォイスに寄せるソネット』という詩集をだした［オルフォイスはオルフェウスのドイツ語読み］。これは娘の友人だった少女の死を悼み、その墓標として書いた作品である。万物の転生と変容を主題とするこの作品で、リルケは意図的に表現を錯綜させながら、オルフェウスの詩作の道のりをたどっていく。たとえば「柳の枝はよりたくみにたわむ　柳の根をよく知る者の手で」[32] の部分では、最初は柳の枝が自然にたわむのかと思うが、その次を読むと詩人が形作っているのだということがわかる。しかし柳の枝を自在にたわめるのが詩人の技だとするなら、柳そのものも、オルフェウスの旅を導く詩人といえるだろう。しなやかな柳の手足が暗い地中から空中へ伸びてゆき、やがてしだれて地上へ向かうさまを追うことによって、詩人は柳のようになり、やわらかな言葉を柳のようにつむいで芸術の域に高める能力を手に入れる。[33] この世とあの世の両方に属する柳は、死のなかにこそ生の根源があることを示しながら、「ひとつの王国から別の王国へいたる道[34]」を開く歌をうたう詩人の道しるべとなる。

ウェルギリウスが紀元前1世紀によんだラテン語の詩『牧歌』は、西洋の牧歌詩の礎となった。そのなかで柳は両義的なイメージを示す。「柳のあいだで、生い茂る葡萄の蔓の下で、恋人と一緒に横たわっただろうに」と愛の情景をいろどる一方、所有と追放の境界を形成する。『牧歌』の最初の詩で、自分の土地を没収された羊飼いは（やがてローマ帝国皇帝となるアウグストゥスが退役兵に与えてしまったのである）、ほかの人には「土地の境界を示す柳の生け垣がある」ことに気づく。自分は柳の境界線を失い、その花の下でまどろむことは二度とないだろう、もうけっして「〔自分の〕歌をうたう」ことはないだろう。『牧歌』の柳は、愛と詩の境界を定める。楽園の境の外側にあるのは喪失だけだ。[35]

愛の「バラ」がしおれたとき、胸破れた恋人たちは「涙に濡れそぼった」柳の冠をかぶる。[36] シェイクスピアは、破局であれ裏切りであれ、あるいは死であれ、悲しみの場面にしばしば柳を登場させた。『オセロー』の第4幕第3場、不貞の作り話を信じこんだ夫にくびり殺されることになる夜、デズデモーナは歌をうたう。それは母のところにいた小間使いが恋に破れ、いつも口ずさんでいた歌だった。「古い歌なの」と、デズデモーナは侍女のエミリアにいう。「でも、あの娘《こ》の運命をあらわしているようだった。それをうたいながら死んでいったの。今夜はあの歌が頭から離れない」。話しかけるエミリアのかたわらで、デズデモーナが自分の憂いとやるせなさをこめてうたう歌は、エリザベス朝の観客も知っている「古い歌」だった。

スズカケの木陰に坐り、哀れあの娘《こ》は口ずさむ、

片手を胸に、かしげた首を膝にのせ、
柳、柳、柳の歌を歌いましょう、
澄んだ小川、せせらぎはむせび泣く、
柳、柳、柳の歌を歌いましょう、
こぼれる涙、無情な石ももらい泣き、
柳、柳、柳の歌を歌いましょう。

［『オセロー』松岡和子訳／筑摩書房／2006年より引用］

「柳、柳、柳」という繰り返しがある16世紀の歌や詩は、『オセロー』が発表された17世紀初頭にはよく知られていた。戯曲にのっている「柳の歌」以外の歌詞も多く伝わっているし、「柳の冠」の歌曲にも人気があった。シェイクスピアは歌の知名度を利用して、床にはいる準備をしているデズデモーナに、赦しとフロイト的な自己批判の台詞を語らせる。「うたいましょう、緑の柳こそわたしの髪の髪飾り。どうかあのひとを責めないで、なにもかもわたしのせいなの――いいえ、続きはこうじゃない」。よく知っていると思っていたことが不確かになったとき、わたしたちはデズデモーナのように、次になにが来るかと思い惑い、おそれ、否定したくなる。デズデモーナの死に続き、侍女のエミリアも自分の夫の手にかかって果てるとき、ふたたび柳の歌が登場する。死の間際のエミリアは、「柳、柳、柳――」とうたったあと、オセローにこう語りかける。「ムーア、あの方は潔白だった、あなたを愛していました、非情なムーア」

『オセロー』の「柳の歌」のくだりは、シェイクスピア全作品のなかでも「もっとも劇的な場面のひとつ」とされ、この劇作家の「作劇術の白眉」に数えられてきた[37]。しかし、なぜこれほどまでに強い感動を与えるのだろうか。エリザベス朝の時代、柳の歌はたいてい、女にふられた男がうたうものだった。傷心の男がうたう歌を口ずさむことによって、デズデモーナはオセローと自分を重ねあわせ、彼が（おかすかもしれない）裏切りを感じ、理解する。そしておそらく、オセローへの愛情と共感に寄り添いながらも、生きていたいという願いのあいだで引き裂かれ、その葛藤がこの場面に強烈な磁場を形成するのだ。繰り返しの歌詞は避けがたい結末へとデズデモーナを導き、思わずつぶやいた中断の言葉――「いいえ、続きはこうじゃない」――も、どれほど痛切であろうとオセローの手を止める役にはたたない。だが、今は「柳（ウィロー、willow）」に戻ろう。

ある批評家によれば、しばしば虚ろに聞こえるオセローの台詞――「朗々とした響きのなかの空洞[38]」――は、絶えず繰り返される「おお（O）」のせいだという。この母音はそのほかの登場人物の台詞や名前にも多用されている。シェイクスピア学者のジョエル・ファインマンは、全編に鳴り響くこの「O」の音は、オセローひとりだけでなく、すべての登場人物がかかえる空虚さをあらわしており、誰もがおのれの飢餓感を満たすために欲望の対象を求めずにはいられないことのしるしなのだと述べている。オセローという名前は、欲望を意味するギリシア語の「エセロー ethelō」に由来する。したがって、「オセローの悲劇」は「欲望の悲劇」であり、デズデモーナ（ギリシア語の「不運な」に由来）は、欲望とはけっして満たされないことの証拠なのだ。戯曲のなかで、欲望は言葉によってあらわになり、言葉によって生みだされる。デズデモーナは、みずからの半生を語るオセローに魅了されて妻となった。登場人物たちは、感情の高まりやうめき声をあらわす「空洞のO」がちりばめられた台詞に駆りたてられるようにしながら、破滅へ向かって進んでいく。ファインマンは、柳の歌の場面は「あまりに奇妙で心を乱す」という。それはひとつには、戯曲以外の重要性があるから――シェイクスピアの「劇作家としての」権威を失墜させうるものだからだ。シェイクスピアの手によらない「柳の歌」は、作家としての、また言語の創造主としての彼の限界を物語る。また、柳（ウィロー、willow）という言葉の繰り返しは、作家ウィリアム・シェイクスピア（William Shakespeare）自身のことでもある――「ウィル Will」［ウィリアムの愛称］であっても、つねに満たされない空洞の「O」をかかえた自分なのだ。実際、「willow」の「O」は、「どこか別の場所から」[39] わたしたちに呼びかけてくる。つまり『オセロー』の「柳」は、言葉に自分自身を託すこと、そして人間には欲望と切り離せない空洞があることのしるしなのである。

空洞化された人間を母音「O」にからめる表現は、シェイクスピアのさまざまな作品にでてくる。『ハムレット』第3幕第1場で、ハムレットから「尼寺へ行け」と突き放されたオフィーリアの嘆きの言葉は「ああ、なんて悲しい（O, woe is me）」だ［woe（ウォウ）は悲痛や不幸という意味］。この空虚な自己に対する叫び（O, O is me）は、オフィーリア自身の名前（O-philia）と同じく［-philia には「～の傾向」という意味があり、直訳すれば「O（空虚）の傾向」となる］、心にとつぜんぽっかりと穴があいてしまったことを暗示する。父親を殺害され、ハムレットに売春をほのめかされるなどして狂気におちいったオフィーリアは、淵に沈む。第4幕第7場で、ハムレットの母である王妃ガートルードはオフィーリアの死をこう語った。

柳の木が小川の上に斜めに身を乗り出し
鏡のような流れに銀の葉裏を映しているあたり。
あの娘《こ》は、その小枝で奇妙な冠を作っていました。
キンポウゲ、イラクサ、ヒナギク、シランなどを編み込んで。
あの花を、はしたない羊飼いたちは淫らな名で呼び
清らかな乙女たちは「死人の指」と名付けている。
それからあの娘《こ》は柳によじ昇り、しだれた枝に花冠を掛けようとした途端
意地の悪い枝が折れて
花冠もあの娘も
すすり泣く流れに落ちてしまった。裳裾が大きく拡がって
しばらくは人魚のようにたゆたいながら
きれぎれに古い賛美歌を歌っていました。
身の危険など感じてもいないのか
水に生まれ水に棲む生き物のよう。
でも、それも束の間、
水を含んで重くなった衣《ころも》が
可愛そうに、あの娘を川底に引きずり込み

水面《みなも》に浮かんでいた歌も泥にまみれて死にました。

［『ハムレット』松岡和子訳／筑摩書房／1996年より引用］

この不可思議な――あまりにも克明な（かつ性的な含みを持たせた）描写は、誰か現場を見ていた人がいるに違いない、その人物はオフィーリアを助けることができたはずなのにと思わせるほどだ。ここでの柳には、たんなる植物の小道具以上の意味が感じとれる。「鏡のような流れに銀の葉裏」を映す柳は、ハムレットのたとえなのかもしれない。彼は自分の娼婦（オフィーリア）に葉で細工物（花冠）をつくるようにしむけ、下の鏡に去る方法（自殺）を示す。そして「意地の悪い枝」がオフィーリアを落とすと、彼女は水に溶け（裳裾が大きく拡がって）、死んでいく。

ラファエル前派の画家ジョン・エヴァレット・ミレイは、名前のように空《むな》しくなることを運命づけられていたオフィーリアを描いた。ミレイの「オフィーリア」（図版参照）には、有名な制作秘話がある。水をはった浴槽に横たわっていたモデルのエリザベス・シダルは、水をあたためていたランプの炎が消え、水が氷のように冷たくなってもなにもいわなかった。ミレイはまったく気づかなかったので、シダルは病気になり、命を落としかけたという。しかし発表当時、この絵の評判は悪かった。倒れた柳の下で、両手を横に広げ、口をぽっかりあけて浮かんでいるオフィーリアの姿が挑発的すぎるというのが理由だった。その頃、娼婦や落ちぶれた女性がテムズ川に身を投げてよく溺れ死んでいたのである。ミレイの絵は、シェイクスピアの「むくわれない恋に傷ついた乙女」のイメージからあまりに逸脱しているという評価がもっぱらだった。批評家たちは、オフィーリア

ジョン・エヴァレット・ミレイ「オフィーリア」1851～52年、油彩、板。

が「雑草だらけの溝に浸かっている」のを見てショックを受けたのである。[40]

シェイクスピアの戯曲に登場する柳と登場人物は、かならずしも悲劇の運命をたどるわけではない。『十二夜』の第1幕第5場、男装して小姓シザーリオになりすましているヴァイオラは、主人のオーシーノ公爵に言いつけられ、公爵の代理として令嬢オリヴィアを口説きにいく。オリヴィアは公爵の求愛を受け入れようとしないのだ。恋に身を焦がす男があなただったらどうするの、とオリヴィアに問われたシザーリオ（じつはヴァイオラ）はこう答える。

柳の枝でご門の前に小屋を作り、
お邸の中の私の魂に呼びかけます。
蔑《さげす》まれても変らぬ恋を歌にして
草木も眠る真夜中でも、声を張り上げ歌います。
こだまを返す山々に向かって、大声であなたの
名を呼び、

おしゃべりな大気にもふるえ声で叫ばせます、
「オリヴィア！」と。ああ、そうすればあなたは
この天地のあいだで安らぐことはできなくなる、
私を憐れとお思いにならないかぎり。

［『十二夜』松岡和子訳／筑摩書房／1998年より引用］

この台詞はじつに美しい。世界全体が共鳴箱となって恋する者の嘆きや憧れを響かせる――山々は絶えることのない求愛の声をこだまで返し、おしゃべりな大気をふるわせる。ヴァイオラ／シザーリオも、『オセロー』のデズデモーナと同じく、むくわれない恋の象徴として柳を示す。愛する人の魂は彼もしくは彼女のなかにはなく、手に入れたい心はつねにどこかほかの場所、誰かの屋敷のなかにある。満たされない思いは柳の小屋にとどまり、こっちを向いてと呼びかける。この戯曲の片思いだらけの相関図は、「O」と「ほかの誰か」でいっぱいだ。オリヴィア（Olivia）はシザーリオ（Cesario）に恋してしまい、男装のヴァイオラ（Viola）がひそかに思いを寄せるのはオーシーノ公爵（Orsino）。詩的な言葉に秘められた恋情や、けっして手にはいらない想い人は、すべて「O」にいろどられている。

ラファエル前派の画家で詩人のダンテ・ゲイブリエル・ロセッティも1868年の詩「柳の森」で、失われたのに心から離れない愛を、喪に服する恋人に託してうたった。ソネットの第1歌は「ぼくと愛は森のはずれの泉のほとりに座って　水面をのぞきこんでいた」からはじまる。自分の姿に

みとれて水仙になったナルキッソスのように、ふたりは鏡のような水面を見つめ、やがて〈愛〉はリュートをつまびく。こみあげてくる涙で視界はぼやけ、水面に映る〈愛〉の姿は彼女に変わる（この混同は、恋人が失われた女性と同じくらい〈愛〉を愛していることをうかがわせる）。〈愛〉がその翼で泉を波だたせたので、恋人はかがみこむ。「彼女の唇が浮かびあがってきて　ぼくの口を熱い接吻で満たした」。第2歌では、恋人は〈愛〉の歌を聴いているうちに、「押し黙る人の群れ」に気がつく。「それぞれの木にひとりずつぽつんと立っている　悲しげなその姿はどれもみな、ぼくか彼女　語る舌を持たなかったあの日々の影」。第3歌で、〈愛〉は森のそこかしこに現れた過去の思い出――アールヌーボーの画家マーガレット・マクドナルド・マッキントッシュは、柳に囚われたさまよえる魂をじつに優美に描いた――に「おお、おまえたちみな、柳の森を歩む者たち　虚ろな顔を白く燃やして歩む者たちよ」と呼びかけ、そうした影たちはむなしく愛を求めて「生のあるかぎり続く夜」に閉じこめられているのだと告げる。そして、忘れることと忘れ去られることのどちらがよいか、と問う。

ああ！　柳の森のかなしい堤
涙の草は色褪せ、血の草が赤く燃えている。
ああ！　それが枕になるのなら、
彼女が死にいたるまでその魂を眠りにつかせてくれるなら――
もはや生涯忘れるほうがいい、

柳の森に囚われたまま彼女をさまよわせるくらいなら！

最後の第4歌で、愛する人の面影をずっと抱きしめていた恋人は、「接吻をほどいた　彼女の顔はふたたび水底へ沈んでゆき、灰色に　その瞳と同じように灰色になった」。恋人は水面に顔を近づけ、あたかも血を飲み尽くすように「彼女の沈んだところの水を飲み続けた　彼女の息と涙と魂のすべてを」。やがて〈愛〉は彼を憐れみ抱きしめる。[41]

このソネットには、繰り返される音がたくさんある。たとえば「W」「L」「O」は、聞きおぼえのある求愛の声が残響のようにたゆたう虚構の森のなかをつらぬいていく。また、多くの行で使われている唇音《しんおん》――「P」「B」「M」「W」など発音するときに唇を半分閉じるか完全に閉じて出す音――は、恋人たちの接吻を官能的に、しかしさびしく再現する。ただ、このソネットには不吉な雰囲気もひそんでいる――死者を呼び出すというよりも忘却のための暴力を望んでいるかのような、柳の森の堤の枕で「彼女が死にいたるまでその魂を眠りにつかせる」ために溺れさせるか、窒息させることを思い描いているようだ。文学者のイソベル・アームストロングは、ソネットのほぼすべての行に「流音《りゅうおん》［子音のlとr］」の〝l〟が存在することにより、詩そのものが「この流音のつながりのなかで浮かんでいる」ような感覚を生みだしているという。その音によって恋人も亡き人も、さらには読者までも、「溶けて」いきたくなる――柳の森を歩む影たちの顔を「白く燃やし」ている欲望を鎮めてくれる無我の世界にひたりたくなる。しかしソネットは、「水とさざ波が一体となる」のを妨げるように続いてゆき、そしてついに恋人は灰色の顔を押しやり、彼女の（死後の）

生を飲み尽くすことによって、解放を手に入れるのだ。[42]

「柳の森」はロセッティが幻想的な詩の形を借りて、エリザベス・シダルの幻影を描いたものだとされる。ミレイの「オフィーリア」のモデルにもなったエリザベス——愛称リジー——はロセッティと結婚したが、1862年にアヘンチンキ［阿片を含有する水薬（チンキ剤）で強力な鎮痛作用がある］の過剰摂取で死んだ。自殺なのか事故なのかはわかっていないが、不貞をはたらいていたロセッティは後悔に苛まれた。このソネットを書く前から彼はウィリアム・モリスの妻ジェーンと愛人関係にあり、詩にうたわれたリジーの亡霊は恋人が追いはらおうとしても、消えることを拒む。「柳の森」を書いた9か月後、ロセッティはリジーの墓をあばき、妻の亡骸と一緒に埋めた詩稿を回収した。墓の奥深くから詩人の魂を救いだそうとするかのように——ソネットの恋人が失った「舌」を取り戻そうとするかのように。しかしその後も、さびしい柳のようなリジー——少なくともミレイが1851年にオフィーリアとしてのリジーを描いたときから、水と柳は彼女に深くむすびついていた——は彼に取り憑いて離れなかった。

ロセッティが描いた「水辺の柳」（1871年）では、リジーの不在は前景にひろがる柳の枝であらわされており、モデルであるジェーンの顔を縁取っている。その頃、ふたりはオックスフォードシャー州のケルムスコット・マナーに住んでいた［ウィリアム・モリスとロセッティが共同名義で借りた別荘］。画面左上に見えるのがその屋敷である。背景に風景を描くのはロセッティにしてはめずらしく、画家がある特定の場所と時間にいるジェーンを永遠にとどめておこうとしたことをうかがわせる。しかしその一方で、水面を背景に浮かびあがる大きな瞳に官能的な唇のジェーンの顔

ダンテ・ゲイブリエル・ロセッティ「水辺の柳」1871年、油彩、カンヴァス（板に糊付け）。

は、ソネット「柳の森」で水底に沈んだ人の残像のようにも感じられるのだ。この肖像が現実から遊離している点は、それだけではない。ジェーンの黒褐色の髪は宙にただよい流れているように思われ、暗い色のドレスは水と柳の背景に溶けていく。それは絵を見る人の視点が、遠くの屋敷を真正面にとらえるの対し、ジェーンを上から見おろす形になるせいだろう。死の影が彼女の長い首の付け根に鎌の形で忍びよっている。なによりも不可思議なのは、画面右下で柳の小枝をつかんでいる手――もちろんジェーン自身の手であってもおかしくはないが、肉体を持たない別の存在の手が不意に現れ、ジェーンに「柳の枝の持ち方」を教えているようにも見える。この絵が作成されてからまもなく、ジェーンの夫ウィリアム・モリスは柳模様の壁紙のデザインに着手した。もろもろの状況を考えあわせると、あの壁紙が憂愁の色をおびてくるようではないか。

ロセッティの妹で詩人のクリスティナ・ロセッティは、兄の詩「柳の森」に呼応する「柳の森の谺《こだま》」を1870年に書いた。兄ダンテの詩にあるナルシシズムは、妹の詩にはない。詩のタイトル、音調、ソネットの形式、題辞（〝おお、おまえたちみな、柳の森を歩む者たちよ〟）はダンテの詩に沿っているが、クリスティナはナルキッソスの恋人エコー（谺）を水底に沈めず――ギリシア神話でナルキッソスに恋い焦がれたエコーは肉体をなくして声だけの存在となった――別れねばならない悲嘆を恋人たちふたりに共有させた。「池を見つめていた」ふたりは〈ぼくと愛〉ではなく「彼と彼女」、すなわち愛しあう男と女である。別離の岸辺で、ふたりの恋人たちは悲しみに襲われる。「ふたりは飲まねばならぬ苦しみを味わった」。そしてついに、ひとつになったはずの恋人たちの影は、さざ波によって――ダンテの詩のように〈愛〉が激情に駆られてたてたのではなく、どこかよその世界から押しよせてきたさざ波によって砕けてしまう。「そしてむすばれたふたつの心は……離ればなれになってしまった」[43]。一方、W・H・オーデンは柳の幻影とそれに取り憑かれた恋人、というヴィクトリア朝のロマン主義からの決別をうたった。1936年の「柳のくびきの下で Underneath an Abject Willow」は友人の音楽家ベンジャミン・ブリテンに捧げたもので、ブリテンはこの詩に曲をつけている。オーデンは柳の下にひとりさびしく座っている恋人に「もうくよくよするな」と呼びかけ、柳とそれにまつわるすべてのものを捨て去れと勧める。「立ちあがってためきみの寂寥《せきりょう》の地図を……そしてほら、歩くんだ　自分への憐れみという縛《いまし》めをほどいて」[44]。しかし、いかなるジャンルであれ、恋愛などへの柳の抱擁から逃れるのは簡単ではないらしい。

ハンス・クリスチャン・アンデルセンの童話「柳の木の下で」（1853年）は片思いの物語である。柳は子供時代の屈託のない世界の象徴から、孤独と死の表象へ変容していく。渡りの職人となって諸国を放浪していた主人公は、想い人が結婚することを知り、故郷へ戻る決意をする。凍えるような寒さのなか、夜の旅をしていた若者が疲れきって道ばたの大きな柳の木の下に腰をおろしたとき、柳の枝がまるで父親のように自分を包みこみ、抱きしめてくれるのを感じる。柳は若者を子供時代の庭へ運んでいった。そこには愛する幼なじみがいて、若者の「燃えるような愛」が彼女の氷のような無関心を溶かす。それが涙となって若者の熱い顔にしたたり落ちた瞬間は、「人生でいちばん幸福なときだった」。妙なる夢のなかで、柳は炎と氷、なつかしい父と母、故郷と放浪の日々をむすびあわせるが、しょせんはかなわぬ夢でしかない——翌朝、若者は凍え死んだ姿で発見される。[45]

アルジャーノン・ブラックウッドは柳の抱擁に潜在する恐怖を主題に、短編小説「柳」を書いた。怪奇幻想小説の作家H・P・ラヴクラフトは、この短編を「史上最高の怪奇譚」と評したものである[46]。出版されたのは1907年。野生の柳に託して絶対的な異質さと死を描いた、怖い話だ。ドナウ川の船旅に出たふたりの友人は、ウィーンとブダペストの中間あたりで、ふと気がつくと地面と水と植物相との境もはっきりしない、みょうに茫漠とした、「柳の低木が海のように広がっている」湿地帯にはいりこんでいた。ここでは水面というよりも柳の葉が波のようにうねり、さかまく急流のせいで砂州の位置もすぐに変わってしまう。目印になるものもない奇妙な流域をあぶなっかしく流されていくうちに、ふたりは砂州のひとつにさんざん苦労したあげく上陸する。「止まろうとしてつかむと、柳の枝はぼくたちの手を引き裂いた」。あたりを埋めつくす柳は、にわかに猛々しい本性を剥きだしにする。旅人たちの肉を引き裂くだけでなく、「してやったりとばかりに無数の小さな手」を打ち鳴らすかのよう。不気味な生気をおびた柳は、笑い、鼻歌をうたい、金切り声をあげ、叫び、「大きなもじゃもじゃの頭」を振り立て、「風がとぎれても無数の葉」を舞い散らす。ふたりがキャンプした島では、おそろしい発見が相次いだ。語り手の友人は、柳が用意している運命は死よりも悪いという。それは「根本的な変容、完全な変化、おそろしいまでの自己の喪失」だ。生ける自然との遭遇は、語り手の風景に対する認識や、「現実の基準」そのものまで根底から変えてしまう。題名の「柳」は、人間とは異なる生命が持つ不穏さの象徴であると同時に、まったく新しい意識の誕生を意味している[47]。

1954年から55年にかけて刊行されたJ・R・R・トールキンの『指輪物語』でも、柳との出会いが森に棲むものを知り、尊重するきっかけとなっている。第1部の『旅の仲間』で、旅をするホビットたち（フロド、メリー、ピピン、サム）は迷路のような古い森にはいっていき、やがて枝垂川《しだれがわ》渓谷にさしかかる。枝垂川のあたりはその名のとおり［英語ではウィジイウィンドル・リバー Withywindle river］、柳と生い茂る草だらけだった（withy は柳の細枝を意味し、withywind はヒルガオなどの蔓植物をさす）。黒ずんだ川の「両側には柳の老木がならび、その枝が流れの上にアーチ状に張りだし、倒れた柳の木が流れをせき止め、無数の柳の落ち葉が水面に点々と浮いていた」。ひときわ年古《としふ》る柳の大木の木陰に引きよせられ、メリーとピピンは大枝のひそひそとした歌声にまじないをかけられたように眠りこむ。そのうちに、サムは水がはねる音と、「ドアが静かにぴたりと閉まったときに鍵がかかる音」を聞いたような気がした。見れば、フロドは水辺で柳の根にはさまれたまま眠りこんでおり、ピピンは柳のなかに消え失せ、メリーは割れ目からかろうじて両脚が出ているだけではないか。そこに救世主のトム・ボンバディルが森のなかを歌いながら歩いてくる。「ヘイ、ドル！ 楽しいぞ、ドル！ 鐘をディロと鳴らせ！ 鐘鳴らせ！ 一緒にはねるぞ！ ちゃらんと柳！……老いぼれ柳じいさん、その根を引っこめろ！」トム・ボンバディルは、船乗りを惑わす海の魔女セイレーンのような柳の割れ目に歌をうたい、メリーとピピンをそのまじないから助けだす。[48]

　トムは自分の家でホビットたちをもてなし、柳じいさんが「すごい歌い手」であること、その「ずるがしこい手練手管《てれんてくだ》」から逃れるのはとてもむずかしいことを話した。ホビットたちはまた、「木々の心や思い」が「謎めいていてわかりにくいことが多いうえ、地上を自由に歩きまわる者がかじったり、かんだり、折ったり、切ったり、燃やしたりすること——つまり破壊者や強奪者への憎しみに満ちている」ことを知る。しかし最初は悪者にしか思えない柳じいさんだが、そのうちにあまり責められないような気がしてくるだろう。読み進むにつれ、ホビットたちも読者も、柳じいさんが棲む古い森の近くで大昔に人々が城壁や砦をつくったことや、やはり古くからあるファンゴルンの森で、堕落した魔法使いサルマンの従者オークたちが森を破壊していることを知る。ホビットたちも故郷のホビット庄で土地を切り拓いたり、古い森との境を管理したりする——それは自然界と文明が永遠にかかえる軋轢なのかもしれない。[49]

J・K・ローリングのハリー・ポッター・シリーズにも柳が登場する。トールキンの柳じいさんと同じく、暴れ柳も最初は少しも友好的ではない。第2巻に登場するこの危険な柳の枝は「ニシキヘビほども太く」、魔法学校へ行く特急に乗れなかったハリーとロンが盗んだ空飛ぶ車が木につっこんだとたん、暴れ柳は樹上に止まったこの歓迎されざる侵入者に襲いかかり、「その節くれだった大枝」——映画版では巨大な棒のような刈りこみ枝——で「めったやたらに車を殴りつけた」。理由はわからないものの、この柳は貴重な木らしく、傷ついた枝をスプラウト先生が吊り包帯で治療する。[50]その謎は第3巻であかされる。この柳はリーマス・ルーピン教授がホグワーツ校に入学したとき、彼の秘密を守護する木として植えられたものだった。満月の夜になると、ルーピンは暴れ柳の下に隠された秘密のトンネルを通って〝叫びの屋敷〟へ行き、そこで狼男に変身して一夜を過ごした。暴れ柳の「握りこぶしのようにむすばれた小枝」のパンチや、「情け容赦なく振りまわす大枝」の攻撃が人々を遠ざけ、結果として狼男との遭遇から守り、またルーピンの秘密が露見して退学処分となる事態も防いでいたのである。[51] つまり、本来この柳は善なるものなのだ（木には動きを止めるスイッチもついている）。驚くにはあたらないが、命をかけてハリーを守ったリリー・エバンズ（ハリーの母親）の魔法の杖は柳製だった。

暴れ柳は、歴史上の自由の木――たとえばアメリカのリバティ・ツリー（ボストンで革命派が集結した場所）やフランス革命のアルブル・ド・ラ・リベルテ［自由の木の意で「自由の象徴」として植樹がおこなわれた］のように、自由な制度への希求や、抑圧的な体制への抵抗の象徴とされる。全シリーズをとおして、ハリー、ハーマイオニー、ロンの3人は、奴隷のように働く屋敷しもべ妖精から、裁判なしにアズカバン刑務所での終身刑を宣告されたシリウス・ブラックまで、さまざまに不正な制度や体制に直面する。ハリーたちは虐げられた生き物たちを解放しながら、魔法省の腐敗と戦う。魔法で正義の社会をつくることはできない。ローリングは、魔法や科学が生き物を制御することによって得られる「みせかけの真実」を退け、「イギリスの闘士の理想によって打ち立てられた真実」を示す。[52] こうして暴れ柳は、ハリー自身がみずからの大きな誤りに気づくための扉となる。最終巻のホグワーツの戦いの最中、暴れ柳の秘密の入口から〝叫びの屋敷〟へ向かったとき、そもそもの最初から自分の迫害者としか思えなかったセブルス・スネイプが殺されるのを目撃したハリーは、瀕死のスネイプから記憶をわたされ、じつはスネイプがずっと前から自分の庇護者だったことを知る。

柳が登場する文学作品のなかで、ケネス・グレアムの『たのしい川べ』（原題は「柳に吹く風 The Wind in the Willows」）はひときわ忘れがたい印象を残す。これもまた、自由への憧れをテー

ケネス・グレアム『たのしい川べ』「第1章 川の岸」の見出しの挿し絵、アーサー・ラッカム画（ロンドン、1940年）

マにした物語だ。1908年に刊行されたこの本のタイトルは、もともとはギリシア神話の牧神パンが素朴な葦笛《あしぶえ》で奏でる音楽にちなみ、『葦に吹く風』になる予定だった。しかしイェイツが1899年に似たような題名の詩集を出していたため、グレアムの出版社が変更を提案したのである。グレアムはこれを「チャーミングで水を連想させる響きがする」と考えた。[53] 柳のあいだを吹きわたる風は、物語の詩情のみならず、また別の感覚や美を想起させる。物語は、春の呼び声を聞いたモグラが思いきって地中の巣穴を飛びだし、ネズミと川べでの暮らしに出会うところからはじまり、この呼び声と応答のパターンが全編を通じて続いていく。『たのしい川べ』がホメロスの叙事詩『オデュッセイア』をモデルとしているのはまちがいない（全12章の最後は「ユリシーズの帰還」で終わる「ユリシーズはオデュッセウスの英語名」）。旅の途中で起こる数々の出来事によって、登場する動物たちは憧れや陶酔、幸福、喪失、悲哀など数々の感情を味わう。冒険の多くは川沿いで起こり、アーサー・ラッカムが描いた挿し絵では、杭を打った岸にならぶゴツゴツとした、刈りこまれた柳が会話を交わしている。水辺の精は自分たちの下を行き交う小さな動物たちのようすを見守っているのだ。

物語の核となるエピソードは、第7章の「あかつきのパン笛」で起こる。カワウソの息子のポートリ坊やが行方不明になったため、モグラとネズミは捜索に出かける。ボートを漕いで川をさかのぼっていくうちに、ネズミは心奪われるような音楽を聞きとるが、モグラには最初、「葦やイグサや、柳を吹きぬけていく風の音」にしか聞こえない。やがて2匹は、胸に「苦しくなるほどの」憧れをかきたてる調べに引きよせられるようにして、堰《せき》のすぐ近くに浮かぶ、「水ぎわに柳が生い茂る」小島にたどりつく。2匹はすぐに、この島が「なんとも意味ありげで、ベールのかげになにかをしっかり」隠しているのを感じる。「花の咲きみだれる」島の岸にボートをつないでから、下生えをかきわけて進んでいくと、野生の果樹が立ちならぶ場所に出る。この果樹園のなかで、2匹が畏怖の念に打たれながら見つけたのは、異教の神、牧神パンそのひとだった。毛むくじゃらの脚、額の角、荒々しい栄光につつまれた神のそばには、すやすやと眠るポートリ坊やがいた。しかしパンの神は、忘却という贈り物を彼らに与える——神のそばで味わった夢のような美しさや幸せの記憶を忘れかねて、小さな動物たちの残りの日々がそこなわれることのないように。[54] 1908年版の表紙にW・グレアム・ロバートソンが描いた絵は、この章と本の精神をみごとにとらえている。パンの島（ここではウォーター・ウィロー「和名キツネノマゴ」に縁取られている）の前にたどりついたモグラ

ケネス・グレアム『たのしい川べ』の表紙、W・グレアム・ロバートソン画（ロンドン、1908年）

とネズミは、彼らよりもずっと大きい音楽の神の下で敬虔に頭を垂れ、流れ続ける川と万物のはかなさを通奏低音にした本のなかで、聖なる静寂の瞬間を楽しんでいる。

『たのしい川べ』は、わが家への帰還と、自然や自由の探求――あるいはそこへの逃走――を豊かに溶けあわせる。『ブルックリン最終出口』（宮本陽吉訳／河出書房新社／1990年）や『夢へのレクイエム』（同上／2001年）の著者ヒューバート・セルビー・ジュニアも、人が生きていくための礎《いしずえ》を探す道のりを柳に託して描いた。『柳の木 *The Willow Tree*』（1998年）で、10代のアフリカ系アメリカ人のボビーは、ヒスパニック系のガールフレンドのマリアと一緒に町を歩いていたところ、異民族との付き合いを嫌うヒスパニック系ギャングに襲われる。ギャングはマリアの顔に酸をかけ、ボビーをめった打ちにする。廃れた地下室になんとか逃げこんだボビーは、ホロコースト生存者の親切な老人モイシェに助けられる。老人はボビーが元気になるまで看病してくれるが、マリアは入院中にみずから命を絶ってしまう。モイシェはときどき、回復途上のボビーをブルックリンの美しい自然公園プロスペクトパークへ連れていく。ある柳の木の下に座って時間を過ごすためだ。それはナチスに捕まって強制収容所へ送られる前、妻と息子と一緒によく訪れた柳の木を思いださせてくれるのだった。その木をかたわらに感じ、その姿に支えられることで、一家のなかでただひとり生き残ったモイシェは悲嘆と復讐心を癒し、人種や文化への偏見を乗り越えて前へ進む力を得る。やがてボビーも、その木に喪失と服喪と希望を同時に見いだす。ボビーはモイシェの「家族の木」の一員となった。柳は何も語らず、ただ空に向かって枝葉を伸ばしていく。過去を排除したり忘れたりするのではなく、暴力の少ない未来の象徴として。

第2次世界大戦の悲劇のあとに寄り添う柳は、キャロライン・フォルシェの詩「縮景園《しゅっけいえん》」〔江戸時代初頭に広島藩主が造園した大名庭園を起源とする名勝〕にも登場する。語り手と、広島に原爆が投下されたときにこの庭園にいた被爆者は、復旧された敷地内を歩きながら「消えた橋」を渡り、けっして現在と過去に切り離すことのできない世界へはいっていく。被爆した女性は思いだす。自分の皮膚が「指先から布のように垂れ下がっていた」こと。赤い花は好きじゃない。「屋根の下敷きになった女性のつぶれた脳味噌」がよみがえってくるから。静謐な庭園を流れる川は、「生者も　そして死者も助けを求めて泣き叫んでいる」記憶で満ちており、しだれ柳が「彼らの顔の記憶を水面に刻みこむ」。彼らのやけどを冷やすことのできなかった水に、容赦なく永遠に刻印される記憶。「光が顔にふれるところには、心の文字が書かれている」にもかかわらず、ふだんの生活では「わたしたちに起こったことを取り巻く沈黙のなかで」ほとんどが忘れ去られたままだ[56]。しかし想像を絶する恐怖を目撃した庭園に立つ柳は、その記憶を刻み続ける。それを目にすることができたら、人間としてのあり方を教えてくれるかもしれない。

さて、柳の文学の最後は、実際に「書く」行為、人間の死すべき運命、そして未来への希望をつきつめた作家の作品で締めくくろう。ロシア未来派の詩人ヴェリミール・フレーブニコフは1922年6月に36歳で没する少し前、「柳の小枝」と題する短いエッセイを書いた。日付は「柳の主日」（パーム・サンデーのこと〔キリストがエルサレムに入城したことを記念する祝日で復活祭の1週間前の日曜日にあたる〕）、副題に「作家の商売道具」とある。エッセイは次のようにはじまる。

ぼくはいま、乾燥したネコヤナギの枝から切りとった小枝で文章を書いている。銀色の綿毛に覆われた小さな尾状花序がまだ枝についており、まるで春の訪れをたしかめに出てきたふわふわの小ウサギのようだ。それが乾いた黒い枝の両側にならんでいる。

おそらくは筆記具をいろどる、物思うイースター・バニー（復活祭のウサギ）たちがすでに示しているように、このエッセイは「無窮に対して、また〝名もなきもの〟に対して異なる視点を持ち、物事を異なる方法で理解する」ことを目的としている。エッセイを書いた直接の動機は、詩人が前年に滞在していたイランにかかわる知らせだった。当時、ソヴィエトはイランの王朝政府打倒をめざす革命派を支持しており、フレーブニコフはイランに遠征したボリシェヴィキ軍に帯同していたのである。しかし反乱の主導者クーチェク・ハーン（1880～1921年）は、一時期こそソヴィエトの協力を得られたものの、やがて孤立して中央政府軍に追撃され、たてこもったイラン山脈地帯で吹雪のなか凍死した。政府軍は彼の首を切り、その頭部をテヘランへ送ったという。クーチェク・ハーンの死は、異なる方法で「見る」ことをフレーブニコフにうながしたが、その試みは異なる方法で「書く」行為と切り離すことはできない。フレーブニコフによれば、当時の彼は3種類の筆記具を使っていた。いずれも木にかかわるもので、ネコヤナギのペンのほか、イランの「森林ヤマアラシの剛毛」、ブラックソーン［サクラ属の低木］の棘である。これらの筆記具は、エッセイが述べる革命の顛末だけでなく、詩人が書いている瞬間をも形づくり彫りこんでいく。クーチェク・ハーンは――と作者はいう――「山中に逃れ、雪という形の死に抱きしめられた」。彼の人生

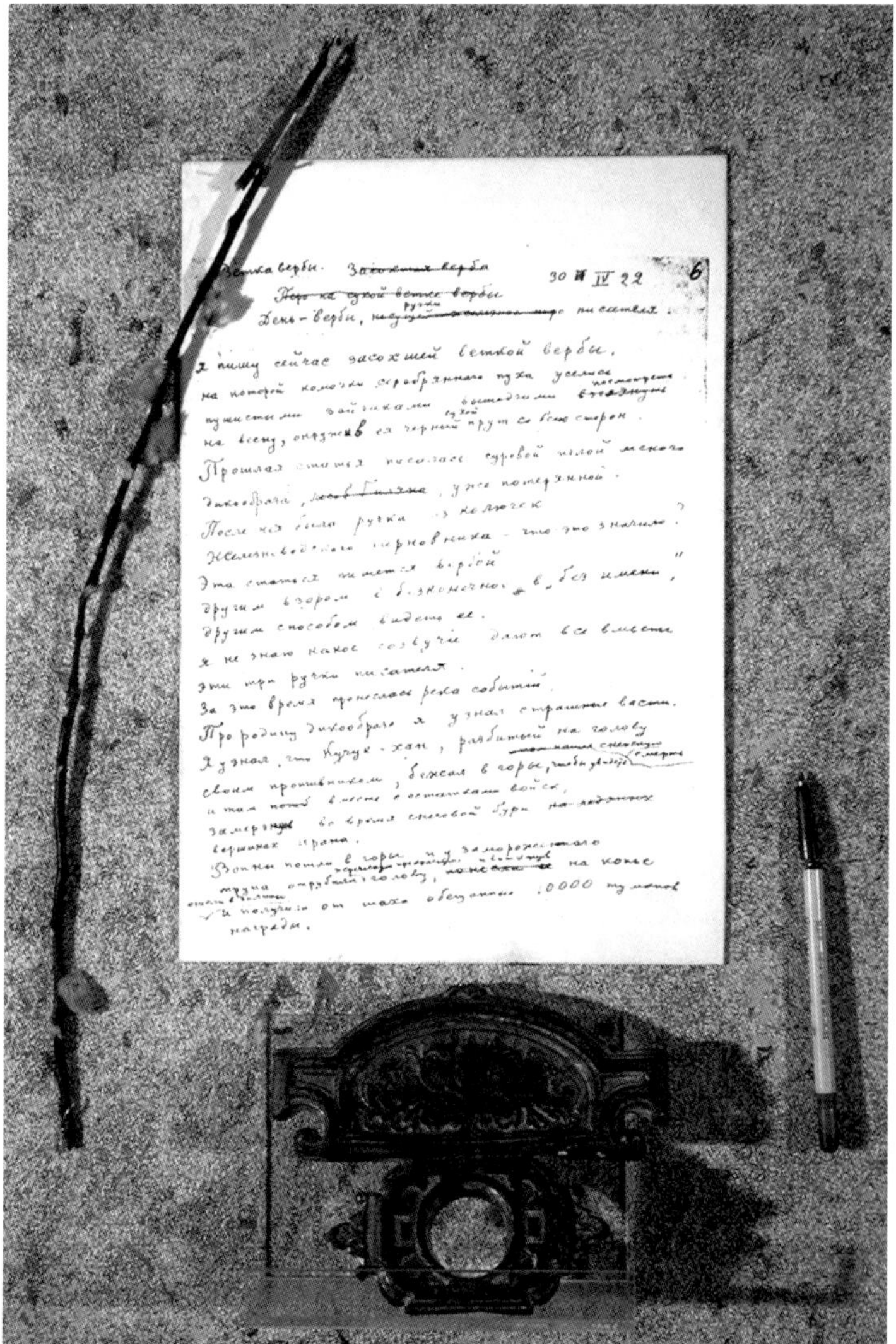

フレーブニコフが使用したネコヤナギの枝ペン

は「純白の終わりを迎えた」。フレーブニコフは逆転の発想（終わりはふつう純白とは表現されない）をとおして、現実——死の終止符（終わり）——と書く行為を融合させた。

それまでの10年間、フレーブニコフは普遍的な詩言語を創造しようとしていた。言葉を従来の意味や機能から解放することによって、意味を超越した言語、経験を宇宙的な次元に開くような言語を求めたのである。逆説が反発しあわず、矛盾なく存在するエッセイ「柳の小枝」には、詩人の求めた新しい意識がほの見える。いや、ひょっとしたら生まれているのかもしれない。雪と死の白さは、春と生の象徴たるネコヤナギの尾状花序やウサギの白さとの見分けがつかなくなる。ネコヤナギのペン先とそこから生まれる文章が魔法のように溶けあったのと同じように——白い尾状花序が点々とついた小枝のペンは細くて黒く、フレーブニコフの草稿の黒い行と白い紙の分身のようにも見える。エッセイの最後は一瞬、みょうに軽薄な言葉で唐突に終わるように思える。「しかしあの頃に起きた至上の出来事のうち、もっとも力強い光を放った星は、ミトゥーリチが復活祭にチーズケーキでつくった彫刻『四次元の信仰』だった」。フレーブニコフは詩想を超空間——縦・横・高さの空間の三次元に時間の一次元を加えた四次元の時空間——に羽ばたかせようとした人だった。ここでは、友人の画家ピョートル・ミトゥーリチがつくった四角錐のピラミッド型イースター・チーズケーキをさしている。これもまた、さまざまに異なる信仰の象徴たりえるものだ。たとえば白い墓、夜空を背景に長い四旬節の終わりを寿《ことほ》ぐ星（もうひとつの白い「終わり」）、きたるべき春の豊穣——二次元の枝ペンと文章は宇宙空間と循環する時間のなかへ広がっていく。季節がめぐるたびに小枝から顔を出す尾状花序、見果てぬ夢に終わったクーチェク・ハーンの政治革命、季節や星の移り変わり、詩人が渇望した意識革命は、フレーブニコフのエッセイの開かれた終わりですべて渾然一体となる。[57]

第5章　不朽の画題

洋の東西を問わず、偉大な芸術家たちの多くが柳に惹かれてきた。それは文化的な重要性もさりながら、流麗な弧を描いたりまっすぐ伸びたりと多彩な形態を示す枝や、豊かな色調などに魅了されるからだろう。しかし柳はよく描かれるモチーフにとどまらず、芸術作品の制作にも密接にかかわっている。柳でつくった墨は最高級品とされるし、木材は絵筆の柄や軸に使われる。ここ数十年は、環境芸術家や、生きている植物でつくる建造物の素材として好んで用いられている。もっと抽象的に見れば、枝が立った刈りこみ柳は剛毛の絵筆のようだし、しだれた枝が風に揺れる柳の姿はダイナミックな水墨画を思わせる。本章では、画家たちが自分の時代や芸術を伝える手段として、さまざまな分野でどのように柳を描いてきたかを見ていこう。

中国の山水画では、柳には多くの意味が託された。また、表現方法も幅広い。これまでに荒野の柳を漂泊のシンボルとした龔賢《きょうけん》や、柳を好んだ学者たちの隠棲所の静けさをとらえた趙令穰《ちょうれいじょう》の絵を紹介したが、南宋を代表する宮廷画家馬遠《ばえん》の柳は、ひじょうに洗練された様式で描かれている。

12世紀後半、馬遠は景観を「一角によせる」、つまり画面の一角に風景を描いてほかは余白にする構図で有名になった。[1] 画に点在する情景、書画のような筆づかいとやわらかなぼかしのコントラスト、極端な遠近感、大きさと形の歪みが、見る人の想像力を強く刺激する。[2]「柳岸遠山図」では、画面の対角線を意識した「一角」に、ありえないほどの高さの柳が優雅な筆致で描かれており、空間だけでなく時間の流れの架け橋となっている点がすばらしい。

絹布に描かれたこの水墨画は、早春の風景を写している。柳はまだ芽吹いていないが、梅のつぼみはふくらみかけており、早朝の静けさのなかで、水や霧や枝をみだすものはない。画面右下には、道を行く旅人の姿がある。小さな点景人物は、おそらく騎馬の主人のあとにしたがっているのだろう（彼の左側の絹布は傷んでいるのではっきりしない）。行く手には2本の柱のような柳がそびえ、その向こうに果てしなく広がる景色の入口となっている。風景は遠くなるにしたがって形を失い、霧につつまれて幻想的な雰囲気をかもしだす。絵を見る人も旅人と同じように、広大な風景の前にたたずんで息をのむ。

傾いて弧を描く柳は不動でありながら、この漠とした空間に道筋をつける。手前の柳の幹は左に大きく傾き、まっすぐ橋のたもとに向かっており、両方の柳から伸びる枝が優美に垂れてその場所をさしている。また、いちばん左側の枝は霧につつまれた村を示し、そのほかの枝はゆるやかな弧を描いて対岸の岸辺に呼応する。岸辺は遠くの山裾を伝いながらやがて見えなくなる。山の丸みをおびた尾根は雲の上に乗っているよう。奥のほうの柳は、連なる丘陵のように階段状に弧を描く枝で風景の道案内をする。最初に右側のいちばん低い山脈をさし、最後に左側のいちばん遠くの高い

馬遠「柳岸遠山図」、12世紀末（南宋）、団扇（現在は冊頁装）、絹本墨画淡彩。

山と呼応する構図だ。山のでこぼこした峰の形は、柳の樹冠に広がる枝とよく似ており、近さと遠さがそっと「混ぜあわされている」[3]。遠くの峰と手前の前景をつなぐ仕掛けは、もうひとつある。このほとんど単色の世界で、遠くの山影を淡く染める青が、前景の中央にある梅のつぼみに点々と散っているのだ。

2本の柳が文字どおり絵の世界の探訪にいざなう水先案内人であり、遠くと近くをむすぶ架け橋であるなら、それは柳の形が示す方向だけでなく、変化に富む筆づかいにもあらわれている。大地にしっかり根をはった太い幹の描線は濃く、その質感をあらわすように微妙な陰影がついているが、樹上へいくにつれて「噴水」のような墨の線に変わり、空中で「細い枝が水のように弧を描く」と美術史家のリチャード・エドワーズはいう[4]。柳はその姿で、変容の可能性を秘めた航海について語る――ここからどこか別の場所へ、実存から純粋へ――どこか不明瞭な、ほんのわずかな輪郭しか見えない表現の可能性について。この柳は画法のダイナミズムを体現している。画面のなかで、樹木や表現方法はひっそりと変容する。それは空間的であると同時に、時間的な変容でもある。旅人たちがはるか彼方の山にたどり着いたとき、今は青ざめている山肌も、さまざまな生命の輝きにつつまれているだろう。ある美術史家は、馬遠のまだ葉をつけていない柳は「春の芽吹きへの期待に思わず息をのませる」と語る[5]。

つまり「柳岸遠山図」は「約束の、はじまりの絵画」[6]なのだ。柳はきたるべき未来の予感をあらわしている。そしてまた、この絵は過去への郷愁でもある。10世紀末に王朝を開いた北宋は、12世紀前半に満州の金に北方の領土を奪われて滅亡し、皇帝一族は首都を南へ移して南宋を建てた。北宋のモニュメンタルな山水画は、馬遠の頃は小景画が多くなり、その形式や主題も内省的なものや失われた国土への憧れに移っていった。一方、この絵は別のもっと都会的な意味でも、近くと遠くをしなやかにむすびつけている。こうした団扇絵（扇面画）は宋代にとても人気があり、収集して画集をつくるのがはやった。[7] すでに述べたように、女性の美はしばしば柳に関連づけられた。親しい女性が団扇を手にしているという連想――その範囲は宮廷儀式や日常生活、町の遊郭などにまで広がる――は、果てしのない風景のなかを旅する男（もしくは主人と従者）の孤独な姿と強烈な対比を形成する。美女が団扇を動かして、周囲の空気のみならず、静謐な風景のなかに立つ柳の枝まで揺らしている姿を想像すると、この不均衡はいきなり生き生きとした活気をおび、ふたつの世界に架け橋ができる。馬遠の絵はさまざまな種類の柳の美、相互作用、可能性について、時空の広がりのなかで考えさせる。名前の「遠」の字が示すように、馬遠の柳は想像の翼を広げる旅へ人々をいざなう。

馬遠の時代以降も、柳は中国美術の主要なモチーフだった。17世紀の画法書は、刈りこんだばかりのしだれ柳を少女になぞらえ、その美しさを称えた。「眉のあたりで前髪を切りそろえた少女のえもいわれぬ美しさと同じ風情がある」。[8] 龔賢は著作『画訣《がけつ》』（意味は画の奥義）で、柳を描く場合は「柳の絵について少しでも先入観を持っていたら、けっして成功しない」と述べた。[9] このように警告はしているものの、本は柳の解釈や表現方法について教えている。王概らの『芥子園画伝初集《かいしえんがでん》』も、風景画の教科書である。書名は版元となった文筆家李漁《りぎょ》の別荘にちなんでつけられた。1679年に刊行されて以来、標準的な教本として後世まで人気を博した。その樹木の項で、柳の描き方について4つの方法をあげている。

第1は、輪郭を描いてから緑で塗りつぶす。第2は、新芽を描くときは淡くあかるい緑、新しい葉の先端にはあかるい黄色、陰影やアクセントには濃い緑を使う。第3は、まず薄緑で葉を点じたあと、濃い緑を加え、そのところどころに墨点をさす。第4は、上等の墨だけで点葉《てんよう》し、濃い緑の点を加える。

4つの要点にしたがいつつ、輪郭の描き方、陰影の付け方、彩色の程度をさまざまに変化させながら、それぞれの時代の画家たちは好みのスタイルをつくっていった(宋代の画家は「たいてい葉を点葉し」、好んで「しだれ柳の高木」を描いた)[10]。『芥子園画伝』には木版画が載っているが、そうした図版はテキストのアイデアを部分的、図式的に伝えるにすぎない。たとえば19世紀版には、柳にかこまれた隠棲所の絵がある。しだれる枝の描線はかなりかたく、生い茂る葉も、地面に散った葉も、ほとんど修正されていない緑のべた塗りであらわされている。東洋で柳の木版画が絵画に匹敵する美術品となったのは、19世紀になってからだった。

江戸時代の日本の浮世絵は、おもに市井の人々のために制作された木版画である。平面的であざやかな色彩、光や雰囲気の独特な表現、くっきりとした輪郭と西洋風の遠近感が融合した大胆な構図が特徴で、無数の作品がつくられた。移りゆく今の世の中を楽しもうと、有名な役者や遊女、都市の景観、名所、諸国の風景のほか、さまざまな一瞬が題材となった。大量生産されて広く流通し

王概ら『芥子園画伝初集』（19世紀版）より

歌川広重『名所江戸百景』「八ツ見のはし」（連作制作年は1856～58年）、木版画、紙本多色摺り。

た浮世絵は、「浮世」——すなわち現世——と同じくらいはかないものでもあったが、数々の傑作の洗練の度合いと美しさは時代を超越している。さらに、そのスタイルや主題は国際的な、とくに作品を熱心に収集した印象派の画家たちに大きな影響を与えた。

浮世絵師の巨匠のひとり歌川広重は、数多くの錦絵《にしきえ》（多色摺り木版画）を制作したが、そのなかで柳は繰り返し描かれた。連作浮世絵『名所江戸百景』「八ツ見のはし」は広重の柳の代表例であるとともに、日本の木版画の伝統をいかんなく示している。構図はにぎやかな橋からの眺めをしだれ柳の枝が部分的に覆うという、非常に大胆なものだ。左下に見える通行人の傘と優美に弧を描く橋の欄干、川に浮かぶ釣り舟と燃料を運搬する舟、空を飛ぶ二羽の鳥——これらの要素が画面に動きを与え、労働や日々の暮らしを想起させる。しかしそれと同時に、俯瞰的な視点がとらえる富士山や水面の穏やかさ、一直線に広がる地平線がしんとした静けさをかもしだす。同時に存在するふたつの異なる雰囲気、つまり忙しい日常生活と静謐な自然の詩情を調和させているのが、わずかに風に揺れているような柳の葉だ。上方から手前にしだれる柳の枝は、画面の光や透明感を強調する役割も果たしている。この透明感は、空と水面に用いたプルシアンブルーの藍や、色の濃淡を表現したり澄明さを出したりするための技法「ぼかし」（版木《はんぎ》を水で濡らしてから絵の具をおくなどして摺る）によるところが大きい。この「八ツ見のはし」では、空や水面の群青から淡い青へ、地平線の赤から鴇色《ときいろ》への変化がぼかしで表現されている。

柳の動きがもっとドラマティックに描かれた作品は、広重の風景画の最高傑作というだけでなく、もっとも美しい版画とされている。１８４０年頃に制作された「木曽海道六拾九次之内　洗馬《せば》」は、

歌川広重「木曽海道六拾九次之内　洗馬」1840年頃、木版画、紙本多色摺り。

木曽経由で江戸と京都をむすぶ中山道《なかせんどう》を描いた連作のうち、32枚目（宿場としては31番目）にあたる［全70枚の『木曽海道六拾九次』は渓斎英泉との共作で広重は46図を描いた］。当時は旅行がさかんになった時代で、こうした版画は土産として喜ばれただけでなく、諸国の風景を想像する——たとえ実際に旅をしなくても——助けとなっただろう。画面では、宵闇のなか、宿場をさして奈良井川をゆく舟と筏《いかだ》が描かれており、地平には藁ぶき屋根が点々としている。[11] 風のために柳の枝は鈎爪のように広がって波立つ水面の上に伸び、強い風に耐えている様子が、傾いた幹や入り組んだ岸辺、押し流されまいと細い棹《さお》で舟を漕ぐ船頭の姿からうかがえる。画面上にぼかしではいっている黒が示すように、夜はしだいに深まりはじめており、空に透けて見える木目が大気にきらめく質感を与えている。そしてあかるい満月、右手にたなびく夕焼け雲、燐光のように輝く川面が一体となって情景を照らしだす。ひるがえる葉が点々と描かれ、風にあおられてざわめく柳の枝は、ふたつの集落のあいだにぽっかりと浮かぶ月の前では、なぜか静かに枝をたらし、前景の波立つ川面も宿場に近づくにつれおだやかになっていく。『木曽海道』シリーズには夕暮れや夜の絵が多い。この作品は、荒々しい体験と目前に迫った休息、過ぎゆく瞬間、永遠への回帰という、異なる感覚をみごとにあらわしている。柳の姿にはその両極端が反映されているといっていい。

ペルシアの画家アーカー・リザーはインドのムガル帝国にわたり、芸術振興に熱心だった皇太子サリーム（1605年に即位してジャハーンギール皇帝となる）に仕えた。そのムガル時代の美しい細密画は、東方世界と西洋──近くと遠くの技法を融合させた独特の様式で、柳のいわくいいがたい詩情の一端をとらえている。細密画の繊細な装飾性、華麗な色彩、しだれ柳、サファヴィー朝の椅子などは画家のペルシア起源を示す一方、優美な楽人のより写実的な顔には、ムガル朝が受け入れた西洋画の影響が見てとれる。[12] 若者の足やスリッパと同じく、しだれ柳の幹も、とくに岩場の地面に接するあたりは高度に様式化されているが、そのラインは上昇するにつれてなめらかになり、上から流れるように降りそそぐ繊細な葉は、本物の柳と同様、自然でありながら様式的だ。幽玄な柳のベールは、心ここにあらずといった風情で遠くを見つめる若者を守ると同時に、ヨーロッパと中東の美術様式が出会った境界を示している。

西洋では、柳のモチーフは芸術と自然の関係を表現する手段として用いられることが多い。東洋の画家は一般的にしだれ柳を好んだが、西洋の画家はむしろ刈りこみ柳を作品の中心にすえた。少々意外なことに、18世紀にピクチャレスクな美──絵画に適した自然美をあらわす言葉で、どこかに野性味を残しながらも荒涼とはしていない景観をさす──を主唱したウィリアム・ギルピンはしだ

アーカー・リザー「柳の木の下に座る優雅な男」1600～05年、不透明水彩と金彩、紙。

れ柳について、「この種属のうちで唯一美しいもの」と述べた。[13] 19世紀の作家の多くがその意見に賛同しており、刈りこみ柳は「画家の目にはふさわしくない」、「樹冠を刈られた幹は見苦しい」などと書いている。[14] しかしこうした拒絶反応とは裏腹に、バロック時代から現代まで、さまざまな画家が刈りこみ柳の老いた幹と元気な新芽を称えてきた。フィンセント・ファン・ゴッホが弟テオに宛てた手紙には、「刈りこみ柳を生きているように描いたら、実際そうなのですから、周囲の情景もおのずと生命力をおびてきます」とある。ゴッホは柳をじっと「見つめて」、「そのなかになんらかの生命が宿る」のを待った。[15] 柳のそばでしばらく時間を過ごしながら、画家は柳にひそむ活力を写しとり、彼が描こうとする世界を満たしていったのである。

レンブラントは1648年、エッチング（腐蝕液を用いる銅版画技法）とドライポイント（硬度の高い針《ニードル》で直接銅板を彫る技法）を併用した版画「柳のそばの聖ヒエロニムス」で刈りこみ柳を描き、自然とその精神性を表現した。老いて節くれだち、幹の裂けた柳が画面の中心だ。老木は左下前景の草むらから洞窟の入口を覆うように伸びており、そこでは眼鏡をかけた聖ヒエロニムスが研究に余念がない。いつも聖者につきしたがっているライオンは、木の左側に顔をのぞかせている。画面をふたつの要素に分ける手法、すなわち自然界の主要なモチーフ（この作品では木）に象徴的な場面（隠棲所の聖ヒエロニムス）を配するのは、レンブラントの版画作品によく見られる構図である。それぞれの主題は異なる表現方法であらわされており、版画家としてのレンブラントの技術の高さを示す。緻密に描かれた木は豊かでやわらかな陰影をおび、その手ざわりまで感じさせるようなリアリティがあるのに対し、周囲の風景は軽やかなすばやいタッチで表現されている。洞窟の

レンブラント・ファン・レイン「柳のそばの聖ヒエロニムス」1648年、銅版画（エッチング／ドライポイント）。

壁にうつる聖ヒエロニムスの影が勢いよく走りがきしたような線になっていることからも、その速さが感じとれるだろう。
北ヨーロッパの美術では、聖ヒエロニムスはしばしば刈りこみ柳や木の切り株とともに描かれた。ときには枯れた木に背を向けて十字架へ、かりそめの現世ではなく永遠の生命を約束する神聖なる「木」にわが身をさらす姿の場合もある。しかし、主題の重要性が逆転したこの作品では、聖ヒエロニムスの比重は柳よりも小さい。むしろ聖ヒエロニムスは、「復活と信仰」を体現する柳、すなわち自然そのものの精神性を強調する役割を果たしている。[16] 自然が祈りを捧げているのか、「上方のふたつに裂けた幹はあわせた両手のように向かいあう」（美術史家スーザン・クレッキーの言葉）。木の内部に宿る生命が、右上方から新しい枝を伸ばし、下方では文字どおりヒエロニムスの研究を支えている。若枝には精神的な意義だけでなく、芸術的にも注目すべき点がある。というのも、机に向かって書き物をしている聖ヒエロニムスが年老いた画家自身の姿とするなら、柳の老木もまたそうであっておかしくはない。「あわせた両手」から伸びる2本の若枝は、1本はドライポイントで、もう1本はエッチングで描かれており、レンブラントの卓越した版画技術を物語る。また、衰退と新生、自然界の事物と精神的な概念が合体した柳は、「生きとし生けるものはすべて年齢を重ねるほど豊かになる」というレンブラントの信念をあますことなく伝えている。[17]
17世紀の風景画家クロード・ロランも、レンブラントのように「老いた自然は豊か」だと考えていたに違いない。ただロランの場合は、風景に古代文化の探究もしのばせた。フランスに生まれたロランは少年時代にイタリアにわたり、生涯の大半をその地で過ごした。ローマ近郊の田園風景を

クロード・ロラン「2本の柳のある岸辺」1660～65年、ペン／茶色インク／茶色淡彩／黒チョーク。

スケッチし、そこで得たモチーフを組み合わせて、本物の自然以上に完璧な、想像上の「理想風景」を描いた。ロランの作品は表向き古典や聖書の神話を題材にしているものの、実際の主題は風景だ。美術史上のロランの重要性は、風景画を絵画の正統なジャンルとして確立した点にある。古典的な田園風景を描いたロランの油彩画は、基本的な構図にしたがったものが多い。前景の左右に木立などのクーリスを配し（「クーリス」とは演劇用語で袖から舞台にのびる背景画のこと）、中景には建物や寓意的な群像などが来る。その奥の空間は果てしなく広がり、ついには彼方の輝く光に溶けていく。橋や道などをちりばめた作品は鑑賞者の目を遠くへ誘う——馬遠とはまた異なった、より詳細で活気あふれる時空への旅に。ロランの風景画は、後世のピクチャレスク嗜好やイギリス式風景庭園に多大な影響を与えた。

しかしここでは、ロランの素描を紹介しよう。

ロランの線画《ドローイング》（および一部の絵画）は、ジョン・コンスタブルや印象派など、モチーフを取り巻く光や雰囲気をとらえようとした後世の画家たちの先駆けとなる作品といえる。美術史家のケネス・クラークは、ロランの素描は「印象派とほとんど変わらない視覚的感受性」を示しているという。[18] 実際、ロランは刻々と変化する光によって樹木がどのように見えるかを観察するため、風景のなかで何時間もすごした。彼の最高傑作が生まれる1660年代には、「かぎりなく自由な[19]」自然を題材に数々の習作を描いている——のびやかで抒情的、非常に多感な作品群だ。こうした素描に登場する柳は、茶色のインクと黒のチョークに茶色の淡彩（ウォッシュ）をほどこした、金色に輝く華麗なドローイングであったりする。図版では、岸辺を縁取る2本の刈りこみ柳が描かれ、向こうの田園地帯には、小さな建物と立派な木、連なる丘がうっすらと遠望できる。左側の柳は裂けており、左半分は不安定に傾いて枯れているようにしか見えないが、新芽を出している。その片割れの幹はそれなりにまっすぐと、大蛇が体をもたげたかのように立ち、樹冠からはしなやかな枝が空に向かう。右側の柳の幹と太い枝は風景のほうへ傾いている。四方八方へのびる細枝は茶色のインクを越えて黒のチョークの領域へ広がり、その線を目で追うと、やがて雲や未来の枝葉の輪郭に変化していく。ロランの柳はその周囲の世界を満たす。樹木のクーリスに縁取られた作品世界のドラマはすべて、踊る柳のなかに体現されている。その柳は絵の枠組みとして機能しながらも、わたしたちの注意を引きつけ魅了する存在——あるいはじつに生き生きとした主役——として光彩を放つ。

19世紀の画家ジョン・コンスタブルは、ロランについて「世界がこれまでに目にしたもっとも完璧な風景画家」と評した。[20] 19世紀のイギリス絵画でも、刈りこみ柳は特別な地位を占めた。コンスタブルは自分が愛する景色や音のリストに柳をあげている。「水車用の堰から水が流れる音とか、柳、古びて朽ちた土手、ぬめる杭、煉瓦づくり。ぼくはそういうものが好きなのです」。そして、そうした風景は「つねにぼくの喜びだから」、自分はそれを描き続けると宣言した。[21] コンスタブルの目標は、ありとあらゆる造形美に満ちた自然の肖像を描くことだった。1834年に制作した「柳の老木と女性、サリー州ハム」では、ふたつの思いを感じさせる。ひとつは、樹木を人間化しようとしたロランと同じ衝動。もうひとつは、柳と女性の長い付き合いをとおして人とも木ともつかぬ肖像を生みだすこと。オフホワイトの紙に褐色の顔料インク（ビスタ）で描かれた素描には、刈りこみ柳の老木のあたたかな、なつかしい姿がある――ひび割れて洞《うろ》ができ、裂けているのにまだ生命力を失わず、若枝が風に揺れている。木の左側には、視覚的にも幹とぴったりあった老婆がいる。巻いたショールと長いスカートの形は、木の洞と同じで、まるで幹の棲み処からついと出てきたかのようだ。老婆の服と木の洞の網状模様が彼らの関連性を示していることに加え、老婆が腕にかかえているのは柳のかごだし、ひょっとしたらかぶっているのも柳の帽子かもしれない。あたりをぶらぶらと散歩するとき、「柳のおばあちゃん」は出発点となり、帰路の目印となることだろう。大地にしっかりと根をはり、その場所がどこかを教え、鎮守の役割を果たす刈りこみ柳は、コンスタブルの郷土のしるしなのである。

柳の「ピクチャレスクな」――つまり絵になる――性質と目印の機能を愛したのは、コンスタブルだけではない。19世紀なかばのフランスの風景画家カミーユ・コローは、ロランの伝統を受け継ぐだけでなく、屋外での制作をとおして印象派への道を開いた。コローは葉の生い茂る柳（あるイ

ジョン・コンスタブル「柳の老木と女性、サリー州ハム」1834年、ペン／ビスタ（顔料インク）、紙。

ギリス人作家はそれを「紗のようなベールで光に微妙な効果」をもたらすと評した)[22]をことのほか愛した。1855年頃の作品「水辺の柳」は風景全体が銀とも金ともつかぬ光につつまれ、きらきらと輝いている。刈りこみ柳は、土地の生気が長い年月のあいだに凝縮してできた骨の列のように川岸に立ちならび、この水辺をしるしづける。生い茂る葉がやわらかな泡のように大気をいろどるさまは、まるで記憶を映しだすための画面のよう、その広がりは、カンヴァスを「やさしく」愛撫する絵筆の筆先のよう。柳の並木のあいだの木陰は湿地なのか道なのか、柳のベールに覆われた空間は中央左寄りの入口から静かに奥へと向かう。遠くの樹影はさながら、穏やかな樹林が形づくるゴシック建築の尖ったアーチのように見える。

コローは新技術である写真の影響を受けた。コローの繊細な光とソフトフォーカスな描写は、銀板写真(ダゲレオタイプ)との共通性が指摘されている。20世紀初頭、写真家のエドワード・スタイケンらは、写真とはたんに現実を機械的に記録するだけのものという概念に異を唱え、絵画的な表現をとおして写真の芸術性を追求するピクトリアリズム(絵画主義)に共鳴していた。ピクトリアリズムの写真は、印画や現像に工夫を凝らしてやわらかくぼかしたような画像にしあげ、明暗を強調し、手作りの風合いを感じさせるのが特徴である。スタイケンはアルフレッド・スティーグリッツらとニューヨークで結成したフォト・セセッション(写真分離派)の中心メンバーとなり、スティーグリッツの機関誌「カメラワーク」に寄稿、また作品発表の場となるリトル・ギャラリーズ・オブ・フォト・セセッションの開設に尽力した。リトル・ギャラリーは現代写真だけでなく、マチスやピカソなど、ヨーロッパの前衛美術の紹介もおこなった。ただ、展示内容は変わるにしろ、ギャ

カミーユ・コロー「水辺の柳」1855年頃、油彩、カンヴァス。

ラリーには常設されているものがひとつあった。ネコヤナギなどの枝をいっぱいに生けたブロンズ製のボウルである。[23] なぜなのかはわかっていないが、こうした春の枝の茶色と銀鼠色という色相や美学の系譜は、絵画主義の写真家たちに色調や新時代についてのひらめきを与えたのかもしれない。また、カメラワーク誌の寄稿者が「ネコヤナギ風フォーカス[24]」と呼んだように、写真を撮る際の手本でもあった。きっと、写真という表現手段のより有機的な――より機械的ではない――象徴にふさわしいと考えられたのだろう。

1901年の「ネコヤナギ」でスタイケンは柳を用い、異なる表現方法の組み合わせが絵画的な写真の源泉になることを示した。豊かな明暗と紗のかかったような「ネコヤナギ風フォーカス」で撮影されたこの作品は、木炭画と比較されることが多い[25]（代表的な画用

エドワード・スタイケン「ネコヤナギ」1901年、ゴム・プラチナ印画もしくはカーボン印画。

木炭のヤナギ炭で描いた素描ということになろうか)。写真は、裸体の少女がネコヤナギを生けた花瓶の上にかがみこんでいるという構図である。つぼみ状の尾状花序と同じように、彼女の体は発達の途上で、まだ成熟しきっていない。写真に撮られ、漠とした背景に浮かびあがる植物と少女はどちらも、光の作用によって出現したものだ――技術的には現像によって、比喩的には植物と少女に内在する光感受性によって。ここではネコヤナギのやわらかな枝が、見てつくる芸術という絵画主義写真の方法を表象している。素描、絵画、写真という3分野は「光によって合成」されてひとつになり、感光面上で慎重に調整された光の作用が美しくエロティックな世界をつくりあげている。

コンスタブル、コロー、写真、日本の浮世絵――さまざまな分野の芸術家や作品の美や詩情は、すべてクロード・モネに影響を与えた。モネは特定の場所の一瞬を絵のなかにとらえようとし、水と葉と空が溶けあうさまを楽しんだ。晩年の数十年間をパリ郊外のジヴェルニーで過ごしたモネは、自邸の庭園につくった、しだれ柳が周囲を縁取る睡蓮の池を描いた。ある同時代人が「魔法の空間」と評した池には、画家の愛した光が「柳の枝葉にかこまれて……そのきらめきと神秘を惜しみなく映しだす」[26]。モネは「睡蓮」(フランス語でナンフェア)を描くことにより、それまでの生活や休暇の風景に欠けていた「深い意味」を感得したといわれる。[27]庭は画家に瞑想や内省をうながし、池の反映を描くこと――すなわち自然の造形を描くこと――は、芸術作品そのものの本質についての熟考につながった。モネの「倦むことなく池の反射をとらえようとする試み」について、多くの美術史家はそれを水に映る姿に恋をしたナルキッソスの神話になぞらえている。[28]当時の詩や哲学、評論では、池の静かな水面に映る理想の愛を手に入れようとしたナルキッソスの試みは、男性芸術家が母なる自然と同化し、対象物とイメージのあいだに橋をかけ、豊かなイメージを獲得するための試みとされた。神話が挫折と喪失の物語であるとしても（ナルキッソスはけっしてそのイメージをとらえることができない）、美しい変容という結末を迎えることは可能だろう。

池にかがみこんで絵を描くモネはナルキッソスだった。興味深いことに、柳もまたそうだった。当時の（およびそれ以前の）作家の多くが、しだれ柳を「植物のナルキッソス」にたとえている。[29]美術史家のスティーヴン・レヴァインは、モネは自分を喪のしだれ柳に重ねあわせており、とくにフランス国家のために制作した最晩年の大装飾画においてそうだと指摘する。1890年代末から1900年代初頭にかけてのジヴェルニーの庭では、静けさや美しさ、美的瞑想を妨げるものはなにもなく、画家は日本風の橋や、睡蓮の池の静かな水面に映るしだれ柳などを描き続けたが、やがてその安寧は喪失と死によって破られる。1907年から視力が弱りはじめ、1911年には2番目の妻が亡くなり、1914年には息子に先立たれる。そしてその年、第1次世界大戦が勃発した。モネはジヴェルニーで制作を続けたが、戦争と無縁ではいられなかった。友人や親戚が前線に向かい、画家は毎日不安にかられながら新聞を読んだ。約100キロ離れた激戦地アミアンの砲撃音が庭からも聞こえ、負傷者を運ぶ車列が庭の池に行くときにわたる道路を通るのを目にすることもあった。[30]モネは庭を思ってもおののいた。楽園に死が侵入してきていた。

戦後まもない時期に、モネは一連のしだれ柳を描いた。それは画家個人の喪失だけでなく、若者たちが残酷かつ無意味に虐殺されたことを悼む作品と考えられている。しだれ柳は昔から悲哀のしるしだが、モネは擬人化した木々に兵士たちの苦しみを投影した。ひょっとしたら、画業に没頭す

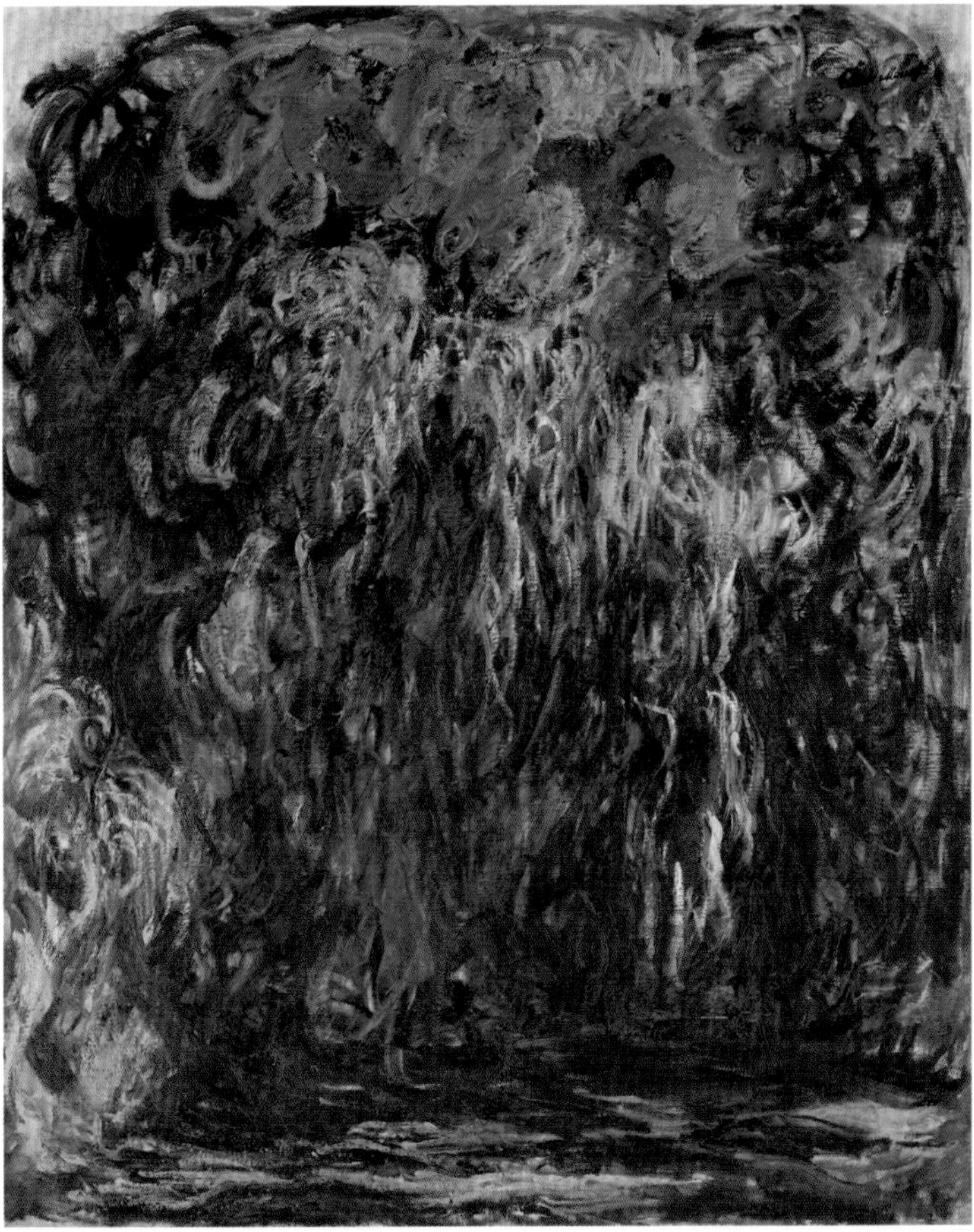

クロード・モネ「しだれ柳、ジヴェルニー」1920年頃、油彩、カンヴァス。

る自分自身をも糾弾していたのかもしれない。傷つき、血にまみれたような肉色の柳の幹が身をよじり、そのまわりにはマスタードガス色の葉が渦巻き、あるいは窒息しかけている。擬人化の度合いは少ないものの、1920年頃に描かれた「しだれ柳、ジヴェルニー」も同じようにおそろしい。あらゆるものが無秩序に広がる地獄のような光景に、前線の混沌が表現されている。血の色の池は水というよりは火のようであり、乾いた赤が炎のように枝葉をなめ、その熱に反応して葉が縮れあがっていくかのようだ。画面のなかで、いちばん上の葉がもっとも厚く密生し、濡れそぼち、空気を感じさせない。それが通常の自然の秩序や重力の感覚をひっくり返し、逃げまどう葉を容赦なく争闘のなかへ押しもどしていく。「苦痛に身もだえするような筆致[31]」で描かれたしだれ柳は、敵対するふたつの勢力にはさまれ、耐えがたい圧力にさらされた絵のなかに閉じこめられている。

オランジュリー美術館での展示用に制作された「大装飾画」は、1914年から1926年にかけて描かれたもので、一般公開されたのはモネの死後になってからだった。モネのこの連作は、過去数十年に失ったものすべてをよみがえらそうとする試みであり、そこには失明寸前までいった視力も含まれていた。楕円形のふたつの部屋を飾る壁画は、「花の浮かぶ水槽[32]」を思わせ、鑑賞者を水の抱擁で包みこむ。第1室は睡蓮に、第2室は柳に捧げられている。第2室を飾る4作品——「二本の柳」「朝の柳」「明るい朝の柳」「樹木の反映」——はいずれも高さ2メートルだが、長さはまちまちだ。楕円形の部屋の奥(西側)の入口からはいってきたとき、鑑賞者の正面(東側)に位置する「二本の柳」がもっとも大きく、長さは17メートルある。その両側の「朝の柳」「明るい朝の柳」は12・75メートル、ぐるりと観賞して最後に目にする「樹木の反映」がもっとも小さく、8・5メートルとなっている。

扉や壁で連続性は断たれているものの、鑑賞者を絵の世界に連れ去る壁画は、朝昼晩と移り変わる時間のなかでさまざまな姿を見せる風景を描きだす。それと同時に、光を「画面にとらえる」というモネの芸術的挑戦に内在する矛盾もあらわにする。重厚で乾いたカンヴァスの表面は、物質性、不透明性、密度を突きつける――が、それにもかかわらず壁画は「非物質的な光」「透明な水」「大気の揺らぎ」を感じさせるのだ。[33] この大装飾画は、相反する解釈を生んできた。ある人々は、オランジュリー美術館の絵の筆致は、終戦直後の絵に比べると苦悩に満ちたものではなく、色彩も暴力的ではないため、一連の作品は要素（水、大気、光、樹木）と方向性（池の広がりと深さ）を心穏やかに統合したものだとする――「枝を垂らす柳の葉は、水面に浮かぶ色とりどりの睡蓮と逆さまに映ってただよう雲をむすびつける」[34]。しかし近くで見ると、絵の満ちたりた世界は走りがきと絵の具の塊に分解されてしまい、水の「透明な深さ」は「乾いた顔料の混沌のなかに」消えていく。[35] 遠くから眺めると、周囲の青も同じように方向感覚を失わせる。水平面（池の水面）は絵のなかで垂直方向に落ちていくため、見る者の錨をはずす――別の言い方をすれば、あたりを取り巻く水は見る者を「水槽」の風景のなかに溺れさせる危険をはらんでいる。

この絵に存在する相克がもっとも強くあらわれているのが、両極端の光に覆われた「二本の柳」と「樹木の反映」である。巨大な「二本の柳」はこの世のものとは思えない青のきらめきに包まれ、美術史家のヴァージニア・スペイトによれば「強烈な幻想性」を感じさせる。[36] ここでは、戦争に傷ついた柳はもはや主役ではないにしろ、より穏やかな静謐さに満ちた世界を縁取っている。一方、「樹

クロード・モネの大装飾画『睡蓮』連作、1914～26年頃、油彩、カンヴァス。上から「二本の柳」「朝の柳」「明るい朝の柳」「樹木の反映」

木の反映」はずっと暗く、暗鬱な青とスミレ色が画面を埋めつくす。「二本の柳」の晴れやかな広がりに対し、小さめの「樹木の反映」は暗く沈み、かたく、病的でさえある。これは文字どおりでも比喩的な意味でも、闇の絵といえる。この作品は息子がヴェルダンに行った年に制作した「柳の反映」を継承しており、かつてモネが描いた、死の床に横たわる最初の妻の絵すら想起させるようだ。フランス語の静かな水（les eaux mortes を直訳すると「死んだ水」となる）を具現したような「樹木の反映」は、哲学者ガストン・バシュラールのいう「死をその実体内に封じこめる」水のイメージを伝える。[37] 恐怖や喪失、死から解放された世界をつくりたいというモネの願望はかなえられなかった。戦争は終わったかもしれないが、その影響は消えずに残った。

この記念碑的な大装飾画には、時代や画家の人生だけでなく、視力に対するモネの黙想も強く投影されている。スペイトは、「二本の柳」の可憐でやや装飾的な木について、「視力や記憶の片隅にあるイメージにすぎない」という。[38] モネの同時代人は、柳の枝葉は水景を縁取り、画面の上部に陰影をつける「まつげ」であると評した。[39] モネは人間の眼にも、それがとらえる光景にも限界があり、もろさがつきまとうことを熟知していただろう。大装飾画の制作中、モネはつねに視力の問題に悩まされていた。眼鏡をかけても手術をしても白内障はよくならず、失明の恐怖から逃れられない。夢見ていた「光の完全なる循環」は不可能だった。[40]「樹木の反映」では、光はほぼ完全に消えている。唯一の輝きは中央右に浮かぶ睡蓮の奇妙なほどあかるい赤だけであり、それはまるで姿の見えない生き物の眼のように闇のなかで光を放つ。そして不気味な、燐光を思わせる紫と白の細い線が、鬼火のように池のそこかしこでゆらゆらとただよう。レヴァインは、この絵の柳を「老いたる画家の肉体」をあらわすものだと、また「実現不可能な夢のイメージをとらえようとする死闘の寓意」だと考える。中央に映りこむ柳の幹のおぼろな影は、画家の薄れゆく視力と終わるべき運命の象徴となり、創造の源泉であり墓所でもある水の王国に反映されている。[41]

ここでは、記憶が歴史や個人、鑑賞者の経験をむすびつける。視野の物理的限界を感じさせる配置だが、それによって記憶が強く働き、目の前にある絵と背後の絵に空間的、時間的なつながりが生まれる。オランジュリー美術館で大装飾画を見るときは、ほかの絵に背を向けなければならない。スペイトが述べるように、柳の部屋の配置は、「意識のなかにあらゆる段階の光を否応なく浸透させていく――したがって《二本の柳》のさんざめく光を見ているときもそこには闇がひそんでおり、《樹木の反映》の闇では光は失われた過去の記憶のようだ[42]」。記憶がモネに大装飾画の制作を可能にした（視力が衰えるにつれ、記憶がモネのよりどころとなった）。そしてまた、柳のように、見るためにではなく泣くために池に身をかがめられるようになった。見ることに生涯を捧げた画家は最後になにを考えただろうか。17世紀の詩人アンドルー・マーヴェルはこう詠っている。「眼と涙は同じもの……どちらもわかちがたくむすびつく　涙は眼を濡らし　眼は涙の粒を見る[43]」

終　章　世界の庭園と柳

柳の旅も終わりに近づいてきた。最後に、世界の庭園における柳の代表例をいくつか見てみよう。実用や観賞用、あるいはその両方の目的で植えられた柳は、別の時代や場所、人々の心のありようへの夢想や追想へと誘う。ここで紹介する品種、庭園の種類や構造は歴史を物語ると同時に、今日のわたしたちはこれまで以上にほかの世界を想像し、世界とかかわる新たな方法を模索していく必要があることを、その姿をとおして教えてくれるに違いない。

中国伝統のシダレヤナギであるサリクス・バビロニカは、現在は植物園の定番であり、西洋諸国のいたるところで純粋種や雑種が見られる。東方世界では昔から庭園に欠かせない樹木として珍重され、池や流れに優美な枝葉を垂らした。中国原産のこの木は、シルクロードを通って西洋にもたらされた。植物の伝来には長い時間がかかるものだが、ときには旅人が小枝や種子を持ち帰って移入が促進されることもあった。イギリスには、詩人のアレグザンダー・ポープが1720年代にシ

サリクス・バビロニカ（シダレヤナギ）。パドヴァの植物園、イタリア。

ダレヤナギを導入したといわれる。あるときポープは、友人がトルコのスミルナ（現イズミル）から送ってきた果物のかごの枝が1本生きているのに気づき、ロンドン郊外トウィッケナムの屋敷の庭に植えてみた。するとそれは根づいて非常な評判を呼ぶまでに成長し、ポープが念入りにつくった有名な洞窟の入口を飾った。このシダレヤナギからとった挿し木が、イギリス内外の庭園に広まっていったという。今年は1789年の訪問者は、「毎年1000本もの挿し木用の枝が世界の果てまで送られており、今年はロシアの皇后がサンクトペテルブルクの自分の庭に植えた」と書いている。[1]

セントヘレナ島の総督はポープの木の子孫から枝をとり、島に植えた。成長した木々は、この島に流されたナポレオンの「幽囚生活をなぐさめる日陰」をつくり、死後彼は短期間ながら、そのお気に入りの場所に埋葬された（ナポレオンの遺骸はのちにフランスへ帰還する）。伝説によれば、ヨーロッパの覇者が死んだ夜に吹き荒れた嵐のために、彼の愛した柳の1本が倒れたという。[2]壮大な歴史に同化した柳は、やがて「19世紀の土産用の樹木として圧倒的な人気」[3]を集めるようになり、挿し木にしたり記念品にしたりするために枝が折られ、それから育った木々も大切に受け継がれていった。たとえば、ある旅行者が1846年につくった押し花帳には、乾燥した枝と葉が残されている。それは「セントヘレナ島のナポレオンの墓所を覆っていた木で、現在はアンヴァリッドの小さな庭に植えられている」ものだった［ナポレオンは1821年に没、1840年にパリのアンヴァリッド（廃兵院）に葬られた］。

ポープの屋敷が1808年に取り壊されたとき、柳の寿命もつきかけていた。イギリスのロマン主義の画家ジョゼフ・マロード・ウィリアム・ターナーは老木から枝を1本とっている。

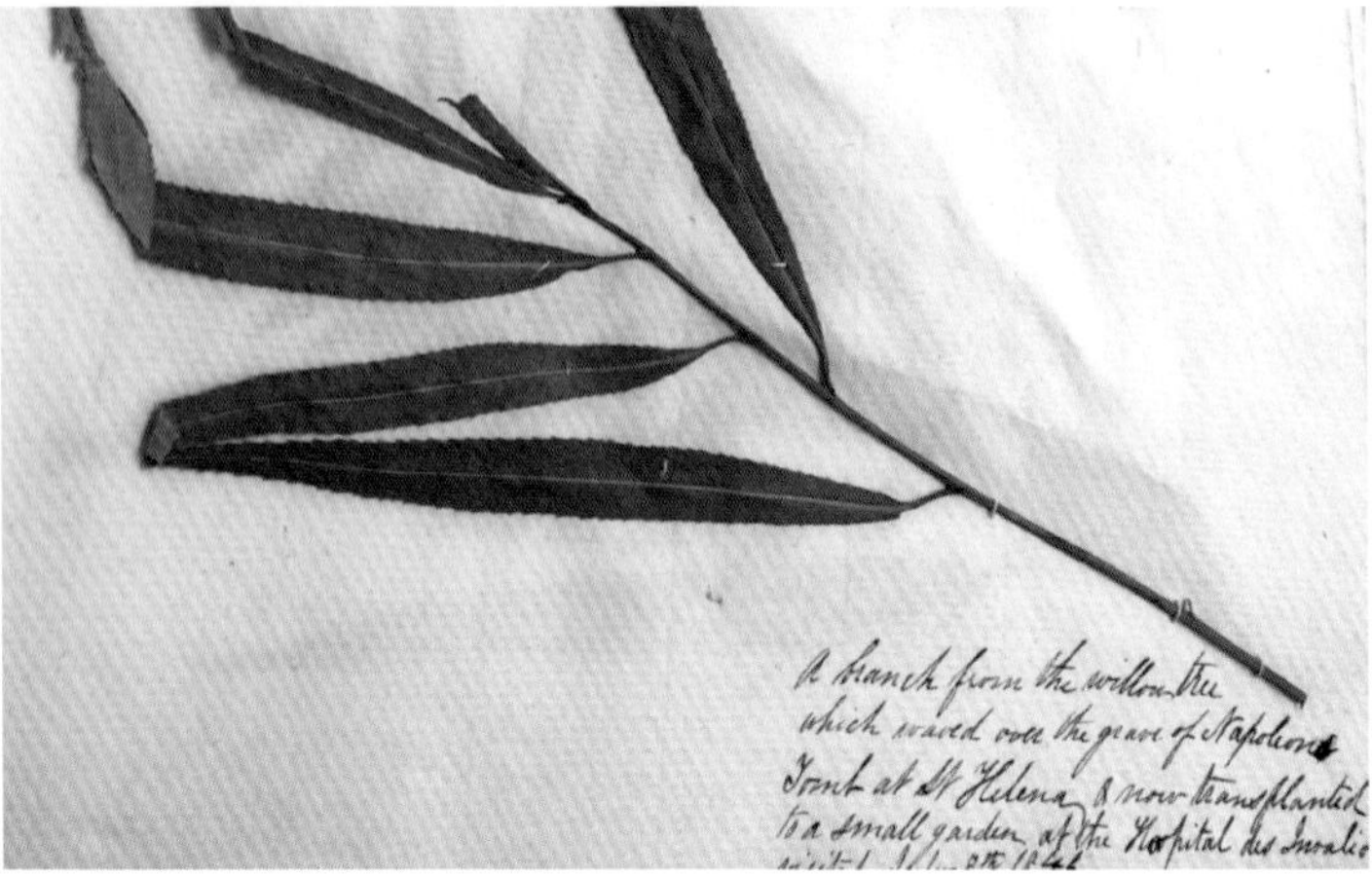

乾燥したサリクス・バビロニカの枝。S・I・クラフトン収集の押し花帳より。

いまや汝の平和な洞窟も壊される運命にある
大地にかがみこむポープの柳も忘れ去られる
せめてか細い枝を大切にはぐくみ
命をつないであげよう[4]

ターナーはトウィッケナムに自分の屋敷を建て、そこに柳を植えた。一方、ポープの柳の切り株は、現在も保存されている「平和な洞窟」の敷地内に残された。現在では、最初のシダレヤナギは1701年頃に東インド会社の外科医によってイギリスに持ちこまれたと考えられており、ポープの柳も果物かごの枝が発芽したのでなく、大家からの贈り物だったとされている。[5]しかし、庭園史においてポープの柳が重要な位置を占めていることに変わりはない。それはヨーロッパとアメリカのシダレヤナギの祖先となった。

ポープの柳とその挿し木が世紀を超えて北半球に広がっていった物語は、まさに柳の軌跡といってよく、詩人の

マッテオ・リパ『御製避暑山荘三十六景詩図』より。1711～13年、銅版画、中国産薄紙に印刷。

隠棲所、芸術家の庭、流刑生活、墓所などをさまざまにいろどった。そして、この木とともに新しいスタイルの庭園が生まれることになる。イギリスの風景庭園や、フランスのアングロ・シノワ庭園「イギリス式中国庭園」である。中国皇帝が熱河《ねっか》（現承徳《しょうとく》）に造成した避暑用の離宮を描いた17世紀前半の銅版画は、ヨーロッパに風景設計の新しい視点をもたらした。それはヨーロッパ人好みの整然とした左右対称の配置とは、根本的に異なるものだった。不規則に広がりながらも「自然さと素朴さがそこなわれないよう」[6]入念に造営され、「荘厳な」柳がえもいわれぬ効果を生みだしている宮廷庭園に、自分の国にもこんな光景をつくりたいという願望が芽ばえた。イギリスの造園家たちはロランの絵画や中国人から得た知識をもとに、地形を整え、想像の翼を広げられるような景観をつくりあげていく。やがて18世紀から19世紀にかけての「装飾庭園や遊園地」では、シダレヤナギはおなじみの樹木となった。[7] ウィリアム・ギルピンは、「ロマンティックな歩道橋であれば、その半分を隠してくれるし、輝く池であれば、水面に流れるような枝葉を垂らしてくれる」として、造園家にシダレヤナギを用いるよう助言している。[8]

シダレヤナギとアングロ・シノワ庭園は、柳の能力をあらわす典型例といっていい。ひとつは、東洋と西洋の伝統と詩情をむすびつけ、融合する力があること。もうひとつは、新しい美の形を示すことによって、少なくとも一部の人々に対し、自分の国や世界の風景についての新たな視点や関係性をもたらすことだ。中国の庭園ほど模倣されなかったにしろ、何世紀にもわたって西洋を魅了し、かつ驚嘆させた柳の庭園はもうひとつある。メソアメリカ［マヤ文明やアステカ文明などが栄えたメキシコから中央アメリカにかけての地域］のチナンパは、先住民の耕地造成技術を示すものであり、湖沼の浮島には夢のような「浮遊菜園」の趣があった。

スペイン人征服者たちを驚かせたチナンパ、すなわち浮き畑は、メキシコ南部の湖沼地帯に住むアステカ人が耕作していた。イエズス会宣教師によれば、浮島のチナンパは編んだアシの上に泥土をのせたもので、自然に灌漑される可動式の耕地だった。チナンパを浮かべる水辺の周囲には柳が植えられていた。１８０３年にメキシコを訪問した博物学者アレクサンダー・フォン・フンボルトは、「アシの筏」の上につくられ、「風が吹けばただよっていく」畑は、湖岸に固定された大型の畑

メキシコ中東部の都チョルーラのトルテカ人。絵文書『トルテカ・チチメカの歴史』（1547～60年、紙はヨーロッパ製）より。

（100メートル×5〜6メートル）の人気に押されて消えつつあるが、メキシコシティは両方の畑のおかげで「食料供給はじゅうぶん」だと述べた。[9] 19世紀末には、移動式ではなく固定式のチナンパの報告がほとんどとなる。それはたぶん、安定性のためにチナンパ周囲に植えた柳の根が伸びて湖底にはったからだろうと考えられた。係留されていようと漂流していようと、柳にかこまれた緑豊かな浮き畑という着想——フンボルトによれば、湖上生活を営むことで敵から逃れようとした人々が考案したのではないかという——は、アステカ人の創造力のすばらしさと同時に、平和な豊かさという穏やかなイメージを喚起する。

柳のあるチナンパと防衛、創意工夫、持続可能な畑の関係は、アステカの伝説にしっかりと根づいている。それによると、かつてアステカ人（別名メキシカ人）は強大な近隣勢力をなだめるために、すばらしい浮き畑をつくった。テノチティトラン（アステカ帝国の首都で現メキシコシティ）などの「約束の地」の特徴のひとつは「白い柳（huexotl）」で、泉のほとりに生えていることが多い。先住民が作成した絵文書では、そうした特徴は柳を含め、往々にして絵文字で描かれた。1521年にスペインがアステカを滅ぼしてから20〜40年後に作成された絵文書には、1168年にトルテカ・チチメカ族がトゥラン（またはトゥーラ）からチョルーラへ移住した顛末が記されている。図版中央の絵——あざやかな青と緑に塗られ、点々と花咲く丘が選ばれた都市だ。その左には白いアシ、右側には白い柳があり、旗状の巻物に名前が書かれている（「Iztac Uexotr」は Iztac Huexotl と同じ意味[10]）。

紀元前100年頃にはおこなわれていたとされるチナンパ農法は、15世紀が最盛期だったが、現

チナンパと水路。サン・ルイス・トラクシアルテマルコ、メキシコ。

在も「メキシコのヴェネチア」と呼ばれるソチミルコなどに残っている。柳に縁取られた畑にはさまざまな作物が植えられており、ある作物の収穫が終わればすぐに苗床の若い作物に交換して、ほぼ継続的な生産が可能だ。アステカ時代の浮き畑が実際にどんな姿だったのかはわかっていないが、チナンパの歴史と植生を研究している地理学者のフィリップ・クロスリーは、おそらくほとんどのチナンパ耕作は湿地帯か浅い湖沼でおこなわれており、現在のように、周辺を補強した畑の区画を水路で区切っていたのではないか、と考えている。それぞれの浮き畑の隅や外周に植えられているのは、この地域が原産のヤナギである（サリクス・ボンプランディアナ *Salix bonplandiana / ahuexotl*）。これらはチナンパを固定するというよりも、土手を安定化させる役目を果たしており、水位が下がった今日ではますます重要性が増している[11]。

本書はこれまで、神話や文学、美術の世界のほ

チナンパと水路。ソチミルコ、メキシコ。

「アン・ハサウェイのコテージ」にある柳のあずまや。ウォリックシャー州ショッタリー。

ウィッチフォード・ポッタリー社の柳のあずまや。ウィンドラッシュ・ウィロー制作。ウォリックシャー州。

アウエルワールドパラスト（柳製）、1998年、アウエルシュテット、ドイツ。

か、柳と農業の関係――ブドウ棚などの支え、道具の材料（おもにかごについて）、家畜飼料、燃料など――についても見てきた。チナンパの場合、柳は実際に浮き畑を支えるだけでなく、伝説の時代からアステカに存在し、ヨーロッパ人を驚嘆させた「浮遊する楽園」の光景を想像させてくれる。柳はここでも境界として働いた。外敵の侵入を防ぎ、人の立ち入りを制限した。しかしすばらしい創意工夫だとはいえ、現在は過去の遺物になりつつあるのかもしれない。遠い昔、チナンパはトウモロコシ、野菜、果物、花などの大部分を供給していたが、1950年代以降の急速な都市化と経済変化によって、この形態の農業は激減した。いまだに生産は続けているものの、ソチミルコのチナンパは失われた過去の美観を伝えるものとして、農業よりも観光において重要なのはまちがいない。

　しかし序章で述べた大規模な生物濾過や土壌改善プロジェクトのほか、小規模ながら、環境や景

観の悪化を食い止める手段として柳のガーデニングが注目されるようになってきた。さまざまな種類の柳の構造物が、家や公園に設置されている——生きた柳のフェンス、椅子、迷路、あずまやなど、誰でも好きなものをつくることができる。[12] 葉にいろどられた椅子やあずまやは詩的な感興を誘う。シェイクスピアの妻アン・ハサウェイが子供時代をすごした家では、生きた柳でつくったシンプルなドーム型あずまやに座り、ソネットの録音を聴ける。また、生き生きとした独創性を感じさせるものもある。イギリス中部ウォリックシャー州でハンドメイドの植木鉢を制作しているウィッチフォード・ポッタリー社の柳のあずまやは、遊び心たっぷりだ。王冠型のあずまやの壁は形よく整えられた格子状で、定期的な刈りこみのときに切られた枝は、別の柳作品に使われる。
　ドイツ中部アウエルシュテット郊外に生きた柳で建てられたアウエルワールドパラストは、コミュニティのためのあずまやである。上から見た設計図では、ゴシック建築のバラ窓を彷彿させる「宮殿《パラスト》」は、葉の茂るアーチがやわらかな曲線を描き、透かし模様の低いドームを形づくる。内部は涼しげな緑の光と枝の網目模様に覆われ、柳の柱の基部には素朴な台座が設置されており、月

アウエルワールドパラスト（柳製）、1998年、アウエルシュテット、ドイツ。

見の会やコンサートなどが開かれたときに腰をおろせるようになっている。アーティスト集団ザンフテ・シュトルクトゥーレンと世界各地からのボランティア300人が協力しあい、1998年春に建設したアウエルワールドパラストは現在も力強い生命力を失っていない――これは英語とドイツ語を合成した名前が示すように、「わたしたちの世界」と人間の可能性に捧げられた記念碑なのだ。競争するのではなく協力して物事を成し遂げることの大切さを、柳は教えてくれている。[13]

世界の広さを感じさせるアングロ・シノワ庭園。それ自体がひとつの世界であるチナンパ。また生きた柳の建造物は庭園とはいえなくても、少なくとも持続可能な環境のひとつとなり、世界を回復する夢を具現する。いずれも世界の庭園には豊かな詩情と実用的な可能性があることを気づかせてくれる。本書を終えるにあたり、中国の故事にならって柳の枝をわたして別れたいが、そうすることはできない。そのかわり、柳とともに暮らし、柳を愛してほしいとお願いしよう。地元の店で柳のかごを買ったり、柳の枝でなにかを手作りしたりするのもいい。ネコヤナギのペンで手紙を書き、庭に柳を植えてみよう。柳が世界に刻んだ「心の文字」[14]を読み、人類が経験してきたことや失ったことを繰り返し思いだそう。そしてなによりも、しなやかな柳のようになろう——わたしたちの世界を分断せずに融合し、豊かにし、守るために。

謝辞

本書執筆のために協力してくれたアーティスト、かご職人、収集家、学芸員、音楽家、博物学者、写真家、学者、柳栽培家の皆様すべてに心より感謝する。とくにコンラッド・アトキンソン、ジョーダン・ベア、リーサ・ベック、コンラッド・ビエルナツキー、ジョーン・キャリガン、リア・キャッテル、サイモン・チャドウィック、エイドリアン・チャールトン、フィリップ・クロスリー、ロバート・ドーソン、ユリシーズ・ディーツ、パトリック・ドアティ、デイヴィッドとジュディ・ドルー、ジェームズ・エリソン、アンネ・フォレヘイヴ、ピーター・ガンサー、メレディス・ヘイル、ジョー・ホーガン、カール・ナペット、エンマ・コソネン、チャールズ・クラフト、キャサリン・ルイス、トレヴァー・リート、エリザベス・レッグ、スティーヴ・ロスパルト、ケイト・リンチ、メレディス・マーティン、ジョージ・ミーンウェル、ジョーダン・メッツガー、サーラト・モナジェミ、ナターシャ・マイアーズ、エルミラ・ナジャカジ、キム・ノースロップ、サルヴァトーレ・プルデンテ、ヴァンフェイ・チョウ、シャブナン・ラヒミ＝ゴルカーンダン、レネ・ラスムーセン、アレックス・リグ、カレン・ライアン、マナ・サデギポア、ドリオン・セーガン、リンダ・サンディーノ、レッド・ウェルドン・サンドリン、ベンジャミン・ショット、ポール・ショット、アリスター・サイム、ジョン・タイラー、ホルスト・ヴィーデルマン、アンソニー・ウー、ヤン・ツェンにお礼を申し上げる。リサーチ助手のエリザベス・パーク、サラ・オセントン、イクミ・ヨシダ＝ロレインゴフには、中国と日本の文献についてお世話になった。また、今回も惜しみない支援と貴重な助言をしてくれたホルガー・サイムとミランダ・パーヴィスに心より謝意を表する。

訳者あとがき

柳絮《りゅうじょ》というものがある。柳の花が咲いたあと、白い綿毛のついた種子が飛び散るさま、あるいは種子そのものをさす言葉で、風に乗ってあたり一面にふわふわとただよい流れる光景は春から初夏にかけての風物詩だ。

とはいえ、「うちの近所にはシダレヤナギの街路樹が植わっているけれど、春に白いものが飛んでいるのは見たことないよ」という方がほとんどだろう。なぜなら、ヤナギはイチョウのように雌雄の木があり、日本では柳絮を飛ばすシダレヤナギの雌株はきわめて少ないからだ。もちろん柳絮はシダレヤナギの専売特許ではなく、ヤナギの雌株であれば綿毛の種子を飛ばす。一度この目で見てみたいものだと思うのは、わたしばかりではあるまい。

四季を通じてヤナギの姿は美しい。とくに春、薄緑色の葉が芽吹き、日を追って新緑が萌えていくようす。また川辺でも花屋の店先でも、猫の尻尾のような尾状花序（花穂《かすい》）をつけたネコヤナギが現れると、ああ春がそこまで来たと思う。ネコヤナギは生け花の素材としても人気があるので、心待ちにしている人も多いだろう。ヤナギをあらわす漢字は「楊」「柳」のふたつがあり、「楊」はヤナギ科ヤナマラシ属（ハコヤナギ属ともいう／ポプラの類）、あるいは枝がまっすぐのびるヤナギのこと、「柳」はヤナギ科ヤナギ属、あるいは枝がしだれるものをさす。このふたつの漢字をあわせてヤナギを「楊柳《ようりゅう》」と呼ぶこともある。

柳は日本のみならず、東西の世界で春の使者として愛されてきた。挿し木にしても容易に根づくほど生命力が強く、かご細工や農具などに用いられ、日常生活に欠かせないものだった。解熱鎮痛薬アスピリンの親でもある。一方、「柳に幽霊」のことわざどおり、冥界や魔とのつながりも深い。本書『花と木の図書館　柳の文化誌 *Willow*』(イギリスの Reaktion Books が刊行する Botanical Series の一冊)は、生と死の両極であざやかに息づき、異なる領域の架け橋となってきた柳の物語を多角的に解き明かしてゆく。現代まで続くその歴史の豊かさは驚くばかりだ。

柳はポンペイ遺跡の「秘儀荘」の壁画に描かれたディオニュソス信仰の入信儀礼や、真偽のほどは定かではないものの、古代ケルトの司祭階級ドルイドが人身御供の儀式のために建造したとされる巨大な人型の檻「ウィッカーマン」にも登場する。18世紀後半にイギリスで生まれた中国風の柳模様の皿は世界を魅了した。シェイクスピアの悲劇、ラファエル前派の絵画と画家たちの愛憎、風景画の発展にも柳は大きくかかわってきた。印象派の巨匠モネが晩年に描いたしだれ柳と大装飾画のくだりは、深く胸に迫る。

アメリカ先住民ポモ族やワショ族の美しいかご細工、中国美術、楊貴妃らの漢詩、歌川広重の浮世絵、与謝蕪村らの俳句など、西洋以外の柳の文化について紙面を割いているのも、本書の大きな特徴といえよう。柳腰や柳眉など、美女を形容する言葉が紹介されているのもおもしろい。

著者のアリソン・サイムはトロント大学現代美術史の准教授を務める。モダニストの面のある彼女の独特な切り口も、本書の魅力のひとつである。「ゴシック建築の起源は柳建築にあるのでは」という19世紀の説が図版を交えて紹介されている。枯れ木に見えても再生するのが柳の特徴だから、地面にさした柳の柱はやがて芽吹いてくる。緑の葉につつまれた大聖堂《カテドラル》――楽しいけれども荒唐無稽に思える説だが、そうではないのかもしれない。現代の環境美術家たちが各地で制作している柳建築は、その延長線上にあるといっていいのだろうから。著者は人間が柳とともに歩む現在や未来についても、語りかけてくる。

訳出にあたっては数多くのご協力をいただいた。とくに石川県の金沢海みらい図書館には、漢詩の資料調査でたいへんお世話になった。原書房の中村剛さん、善元温子さんはつねに訳者を支え、的確な助言をくださった。この場をお借りして、すべての皆様に心よりお礼を申し上げる。

駒木　令

2021年5月

ton: pp. 83 (The Elizabeth Day McCormick Collection, 44.184), 126 (gift of Miss Gertrude Townsend, res.59.21), 164 (Special Chinese and Japanese Fund, 28.840), 170 (William S. and John T. Spaulding Collection, 21.9987), 205 (Special Chinese and Japanese Fund, 14.61), 214 (Francis Bartlett Donation of 1912 and Picture Fund, 14.609); photo © The Museum of Modern Art, New York / Licensed by Scala / Art Resource, NY: p. 224; photos © Newark Museum / Art Resource, NY: pp. 78, 158; photo courtesy of and © Kim Northrop: p. 246 (top); photo © 2012 Philbrook Museum of Art, Inc., Tulsa, OK: p. 80 (Philbrook Museum of Art, gift of Clark Field, 1942.14.1909); photo © Pitt Rivers Museum, Oxford: p. 50; photo courtesy of and © Salvatore Prudente: p. 7; photo courtesy of and © Vanfei Qiu: p. 29; photo courtesy of and © Lene Rasmussen: p. 17; photos © Réunion des Musées Nationaux / Art Resource, NY: pp. 223 (Musée d'Orsay), 230-231 (Musée de l'Orangerie); riba Library Drawings Collection, photo courtesy of Royal Institute of British Architects, London: pp. 104; photo courtesy of Karen Ryan: p. 148; photo courtesy of and © Harriet Rycroft: p. 246 (bottom); photo courtesy of Sam Noble Oklahoma Museum of Natural History: p. 77; photo courtesy of and © Benjamin Schott: p. 37; photo courtesy of Science Museum, London: p. 28; photos courtesy of and © Paul Scott: pp. 149, 151; photo courtesy of Yuri Silagin: p. 156; photo by Gael Simon: pp. 244-245; photo courtesy of Studiocanal Films: p. 67; photo © Tate, London: pp. 181; photos courtesy of the Toronto Public Libraries: pp. 66, 193, 195; photos courtesy of and © John Tyler: pp. 4, 11 (bottom), 12, 21; photos courtesy of the University of Toronto libraries: pp. 15 (left and right), 27, 33, 52, 63, 82, 97, 100, 101, 102, 103, 116, 118, 139, 209; photo courtesy of the Velimir Khlebnikov Museum, Astrakhan, Russia: p. 199; photos © Victoria & Albert Museum, London: pp. 42, 46, 96, 112, 115 (top and bottom), 129, 221; photo courtesy of and © Yang Zheng: p. 10. All other photos are by the author and/or are in the public domain.

写真ならびに図版への謝辞

出版社ともども，説明に役立つ資料の提供や複製を許可してくれた以下の提供元に感謝したい。

Photo © Charles Addams, with permission Tee and Charles Addams Foundation: p. 152; courtesy of Albert and Shirley Small Special Collections Library, University of Virginia: p. 238; photo courtesy of Lise Bech, © Shannon Tofts: p. 88; photos courtesy of and © Bibliothèque nationale de France: pp. 19 (ms latin 9474, fol. 150v), 57, 241 (ms mexicain 46–58, p. 25); photos courtesy of Conrad Biernacki: pp. 124, 128 (left); photo © 2009 Bonhams & Butterfields Auctioneers Corp. All Rights Reserved: p. 111; photos courtesy of and © Bridgeman Art Library: pp. 117 (Glasgow Museums), 186 (Delaware Art Museum, Samuel and Mary R. Bancroft Memorial, 1935); photos © Trustees of the British Museum: pp. 39, 41, 59, 61 (photo by James Edge-Partington), 128 (right), 135 (left and right), 173, 212, 216, 218, 239; photo courtesy of Joan Carrigan, by Janet Dwyer: p. 88; photos courtesy of Patrick Dougherty, © Rob Cardillo, © Nell Campbell: pp. 106, 108; photo courtesy of and © Philip Crossley: p. 243; photo © Alfredo Dagli Orti / The Art Archive at Art Resource, NY: p. 34; photo courtesy of and © Gianni Dagli Orti / The Art Archive at Art Resource, NY: p. 110; photos courtesy of Robert Dawson: pp. 145, 146; photo courtesy of and © James Ellison: p. 9; photo by Eleanore Hopper, courtesy of Ronald Feldman Fine Arts, New York: p. 154; photo courtesy of Anne Folehave: p. 88; photos courtesy of and © Peter Ganser: pp. 247, 248, 249; photo courtesy of Joe Hogan: p. 88; photos courtesy of Imperial War Museum, London, © iwm (feq 813), (com 59): pp. 91, 92; photos courtesy of Lya_Cattel, cunfek/iStockphoto: pp. 11 (top), 13 (bottom); photo © Markku Kosonen, courtesy of Emma Kosonen: p. 90; photo courtesy of and © Trevor Leat: p. 69; photos courtesy of and © Erich Lessing / Art Resource, NY: pp. 81 (Musée d'Archéologie Nationale, Saint-Germain-en-Laye, France), 227 (Galerie Larock-Granoff, Paris); photos courtesy of Library of Congress, Washington, DC: pp. 84 (P. H. Emerson, Pictures of East Anglian Life [London, 1888], plate xiv), 95 (top and bottom), 98, 171 (also with permission of the artist's estate), 210; photo courtesy of and © Kate Lynch: p. 85; photo courtesy of and © Jordan Metzgar: p. 13 (top); photo by Andrea Moro: p. 236; photographs © 2012 Museum of Fine Arts, Bos-

参考文献

Bibesco, Princess Marthe, *Isvor: The Country of Willows*, trans. Hamish Miles (London, 1924)［プリンセス・マルト・ビベスコの生涯と小説『イズヴォール、柳の里』については、佐野満里子著『作家になったプリンセス――マルト・ビベスコの生涯』（ボイジャー／2012年）にくわしい］

Bichard, Maurice, *Baskets in Europe* (Abingdon, 2008)

Blackwood, Algernon, 'The Willows', in *The Listener, and Other Stories* (London, 1907)［アルジャノン・ブラックウッド『幻想と怪奇――英米怪談集1』「柳」宇野利泰訳／早川書房／1974年］

Chang, Elizabeth Hope, *Britain's Chinese Eye: Literature, Empire and Aesthetics in Nineteenth-Century Britain* (Stanford, CA, 2010)

Copeland, Robert, *Spode's Willow Pattern and Other Designs after the Chinese*, 3rd edn (London, 1999)

Culpeper, William, *Culpeper's English Physician; and Complete Herbal* (London, 1789)［ニコラス・カルペパー『カルペパーハーブ事典』木村正典監修／戸坂藤子訳／パンローリング／2015年］

Dougherty, Patrick, *Stickwork* (New York, 2010)

Edmonds, Richard L., 'The Willow Palisade', *Annals of the Association of American Geographers*, LXIX/4 (1979), pp. 569–621

Edwards, Richard, *The Heart of Ma Yuan: The Search for a Southern Song Aesthetic* (Hong Kong, 2011)

Evelyn, John, *Sylva; or, A Discourse of Forest-Trees* (London, 1670)

Forbes, James, *Salictum Woburnense; or, A Catalogue of Willows, Indigenous and Foreign, in the Collection of the Duke of Bedford, Woburn Abbey* (London, 1829)

Frazer, Sir James, *The Golden Bough: A Study in Magic and Religion*, abbreviated edn (New York, 1996)［J・G・フレイザー『初版金枝篇』吉川信訳／筑摩書房／2003年］

Gerard, John, *The Herbal; or, Generall historie of plantes* (London, 1597)

Graham, A. C., trans., *Poems of the Late T'ang* (Harmondsworth, 1977)

Grahame, Kenneth, *The Annotated Wind in the Willows*, ed. Annie Gauger (New York, 2009)

Gubernatis, Angelo de, *La Mythologie des plantes; ou, Les Légendes du règne végétal* (Paris,

1882)
Hall, Sir James, *Essay on the Origin, History, and Principles, of Gothic Architecture* (London, 1813)
—, 'On the Origin and Principles of Gothic Architecture', *Transactions of the Royal Society of Edinburgh*, 4 (1798), part I, section II, pp. 3–27
Hanley, S. J., 'Willow', in *Energy Crops*, ed. Nigel G. Halford and Angela Carp (Cambridge, 2011), pp. 259–74
Hooker, William Jackson, *The British Flora; comprising the Phaenogamous, or Flowering Plants, and the Ferns*, 2nd edn (London, 1831)
Keimer, Ludwig, 'L'arbre tjeret: est il réellement le saule égyptien (Salix safsaf Forsk.)?', *Bulletin de l'Institut français d'archéologie orientale*, 31 (1931), pp. 177–237
Khlebnikov, Velimir, 'The Willow Twig', in *Collected Works of Velimir Khlevnikov*, trans. Paul Schmidt, ed. Ronald Vroon (Cambridge, MA, 1989), vol. II, pp. 150–51
L., J. B., 'The Story of the Common Willow-Pattern Plate', *The Family Friend*, I (1850), pp. 124–7, 151–4
Larsen, Jeanne, trans., *Willow, Wine, Mirror, Moon: Women's Poems from Tang China* (Rochester, NY, 2005)
Lemon, Mark, 'A True History of the Celebrated Wedgewood [*sic*] Hieroglyph, Commonly Called the Willow Pattern', *Bentley's Miscellany*, 3 (1838), pp. 61–5
Levine, Steven Z., *Monet, Narcissus and Self-Reflection: The Modernist Myth of the Self* (Chicago, 1994)
Lilienthal, Otto, *Birdflight as the Basis of Aviation*, trans. A. W. Isenthal (London, 1911) [オットー・リリエンタール『鳥の飛翔』田中豊助・原田幾馬訳／東海大学出版／2006年]
Liu, Wu-chi, and Irving Yucheng Lo, eds, *Sunflower Splendor: Three Thousand Years of Chinese Poetry* (Bloomington, IN, 1975)
Lynch, Kate, *Willow: Paintings and Drawings of Somerset Voices*, rev. edn (S.I., 2005)
Mannhardt, Wilhelm, *Der Baumkultus der Germanen und ihrer Nachbartstämme* (Berlin, 1875)
Markus, Andrew Lawrence, *The Willow in Autumn: Ryūtei Tanehiko*, 1783–1842 (Cambridge, MA, 1992)
Meredith, George, *The Egoist: A Comedy in Narrative,* ed. Lionel Stevenson (Boston, MA, 1958) [ジョージ・メレディス『エゴイスト』朱牟田夏雄訳／岩波書店／1978年]
Miles, Archie, *Silva: The Tree in Britain* (London, 1999)

Newsholme, Christopher, *Willows: The Genus Salix* (London, 1992)
O'Hara, Patricia, '"The Willow Pattern that We Knew": The Victorian Literature of Blue Willow', *Victorian Studies*, XXXVI/4 (1993), pp. 421–42
Phythian, J. Ernest, *Trees in Nature, Myth and Art* (London, 1907)
Quintner, David Richard, *Willow! Solving the Mystery of our 200-Year Love Affair with the Willow Pattern* (Burnstown, ON, 1997)
Rahner, Hugo, *Greek Myths and Christian Mystery* (London, 1963)
Rogers, Connie, *The Illustrated Encyclopedia of British Willow Ware* (Atglen, PA, 2004)
Sammes, Aylett, *Britannia Antiqua Illustrata; or, The Antiquities of Ancient Britain* (London, 1676)
Shanks, Ralph, *Indian Baskets of Central California: Art, Culture and History*, ed. Lisa Woo Shanks (Novato, CA, 2006)
Silbergeld, Jerome, 'Kung Hsien's Self-Portrait in Willows, with Notes on the Willow in Chinese Painting and Literature', *Artibus Asiae*, XLII/1 (1980), pp. 5–38
Skinner, Charles M., *Myths and Legends of Flowers, Trees, Fruits and Plants in All Ages and All Climes* (Philadelphia, PA, 1925) ［C・M・スキナー『花の神話と伝説』垂水雄二・福屋正修訳／八坂書房／ 1999年］
Spate, Virginia, *The Colour of Time: Claude Monet* (London, 1992)
Stone, Edmund, 'An Account of the Success of the Bark of the Willow in the Cure of Agues', *Philosophical Transactions of the Royal Society of London*, 53 (1763), pp. 195–200
Thoreau, Henry David, *Faith in a Seed: The Dispersion of Seeds and Other Late Natural History Writings*, ed. Bradley P. Dean (Washington, DC, 1993) ［ヘンリー・D・ソロー『森を読む――種子の翼に乗って』伊藤詔子訳／宝島社／ 1995年］
Warnes, John, *Living Willow Sculpture* (Tunbridge Wells, 2000)
Will, Christoph, *International Basketry for Weavers and Collectors* (Exton, PA, 1985)
Wurges, Jennifer, and Rebecca J. Frey, 'White Willow', in *The Gale Encyclopedia of Alternative Medicine*, 3rd edn (Detroit, MI, 2009), vol. IV, pp. 2375–7
Wyckoff, Lydia L., ed., *Woven Worlds: Basketry from the Clark Field Collection at the Philbrook Museum of Art* (Tulsa, OK, 2001)
Yagishita, Teiichi, *Yanagi no bunkashi* (Kyoto, 1995) ［柳下貞一『柳の文化誌』淡交社／ 1995年］
Zurndorfer, Harriet, 'Willowy as a Willow', in *100,000 Years of Beauty*, ed. Elisabeth Azoulay (Paris, 2009), vol. III, pp. 113–14

年表

1億4500万～6500万年前（白亜紀）	被子植物が登場する。矮性ヤナギが顕花植物個体数の相当数を占める。
11万～1万年前（氷河期最後）	北部大陸をつなぐ氷河が溶け、ヤナギが北半球全体に分布する。
紀元前9000年～前8000年	北ヨーロッパで柳の靭皮《じんぴ》が漁網に使われる。
前4500～前2000年	石器時代の墓に柳の葉の形の矢じりが置かれる。
前3050～前332年	古代エジプト人が、毎年の豊作を願って「柳の掲揚」という祭礼をおこなう。さまざまなエジプトの医術書が柳を抗炎症薬としてすすめる。
紀元前8世紀	ホメロスが『オデュッセイア』で「柳は実を失うもの」と書いたことから、柳を避妊薬とする風潮が生まれる。その考え方は中世後期まで続いた。
紀元前5世紀	ヘロドトスが、バビロニア人の柳の骨組みに皮を張ったコラクル（網代舟）に言及する。ヒポクラテスが、分娩痛の緩和や産褥熱に柳の葉を噛むことをすすめる。中国では、セイヨウシロヤナギが解熱鎮痛剤に用いられた。
紀元前2世紀	大カトーが、柳の林は農場に不可欠とする。
紀元前1世紀	ディオスコリデスが柳の薬効について述べる。紀元50年代に、ユリウス・カエサルが『ガリア戦記』を著し、ドルイド僧が巨大な柳の建造物に人身御供を入れたと記述する。
1世紀	プリニウスが柳の栽培と利用法（かごや家具など）について記す。
2世紀	中国の薬局方が、関節炎などの病気に柳を推奨する。
7～9世紀前半（中国、唐代）	漢詩で柳がさかんにうたわれる。とくに、女性美の比喩として使われた。
9～11世紀	アラブの医術書に、柳を主成分とした堕胎薬と避妊薬が載る。
12世紀後半～13世紀前半	馬遠が柳を描く。
14世紀	ピエトロ・デ・クレセンツィが柳の有用性について述べる。

	日本の医術書が戦傷の治療に柳を使うことをすすめる。
14～16世紀	かご職人のギルドがヨーロッパの多くの都市で結成される。
16～17世紀前半	重要な場面に柳や柳の歌を用いたシェイクスピアの戯曲、李時珍の『本草綱目』、ジョン・ジェラードの『本草書』が出版される。フランドル地方で、巨大な柳人形「ルーズ」を擁したパレードをするならわしがはじまる。
17世紀	満州族が中国を征服し、柳を植えて全長1000キロにわたる樹木の壁をつくる。レンブラントが「柳のそばの聖ヒエロニムス」で、聖人よりも柳を写実的に描く。ニコラス・カルペパーが『完全なる本草書』〔邦訳は『カルペパーハーブ事典』／序章注17参照〕で柳の医学利用について、ジョン・イーヴリンが『樹木誌』で農業利用について述べる。エイレット・サムズが、カエサルが記載したドルイド僧の「ウィッカー像」を描く。
18世紀	エドワード・ストーン師が、セイヨウシロヤナギの樹皮の医薬利用についてロンドン王立協会に論文発表する。イギリスでは、スポード社が初めて柳模様の食器を製作。柳と骨壺のモチーフがニューイングランドで墓石に使われるようになる。ジェームズ・ホールが、ゴシック建築の起源は素朴な柳の教会にあるという論文を発表。アレグザンダー・ポープが、シダレヤナギを植える。その挿し木からヨーロッパと北アメリカに分布が広がる。
17～19世紀（日本、江戸時代）	日本の俳句や、広重らの浮世絵で柳が重要なモチーフとなる。
1800～1850年	ヨハン・アンドレアス・ブフナーがヤナギ属からサリシンを抽出。ベッドフォード公爵が所領ウーバン・アビーに集めた柳の目録『サリクトゥム・ウブルネンセ *Salictum Woburnense*』が出版される。イギリスとアメリカで柳用のボイラーが導入され、柳の枝の皮むきが効率化される。
1850～1900年	ウィリアム・モリスが柳をモチーフにした壁紙と家具用布地を発表。ダンテ・ゲイブリエルとクリスティナ・ロセッティが柳の詩を書く。オットー・リリエンタールが柳と帆布で数種類のグライダーを製作し、1890年代に滑空飛行を成功させる。ルイザ・カイザーがネヴァダ州カーソンシティ

	のコーン・エンポリアム社から手作りのかごを売りはじめる。
1900 ～ 1925年	チャールズ・レニーとマーガレット・マクドナルドのマッキントッシュ夫妻がウィロー・ティールームズを開店。グスタフ・スティックリーがクラフツマン・シリーズに柳の家具を取り入れる。アルジャーノン・ブラックウッドの『柳』、ケネス・グレアムの『たのしい川べ』、マルト・ビベスコ公妃の『イズヴォール――柳の里』、ヴェリミール・フレーブニコフの『柳の小枝』が出版される。サマセット州の柳のほとんどが軍事利用され、クロード・モネの描く柳の絵には第1次世界大戦が反映される。
1925 ～ 1950年	柳用の皮むき機が導入される。第2次世界大戦下、イギリスの柳の大部分が軍事用に徴収される。W・H・オーデンの詩「柳のくびきの下で」にベンジャミン・ブリテンが曲をつける。
1945年～現在	J・R・R・トールキンの『指輪物語』、ヒューバート・セルビー・ジュニアの『柳の木』、(暴れ柳が印象的な)『ハリー・ポッター』シリーズが出版され、ロビン・ハーディ監督の古典カルト映画『ウィッカーマン』が公開される。パトリック・ドアティをはじめとする環境芸術家たちが柳の構造物の制作をはじめ、現代のかご職人が柳の可能性を探っている。生物濾過、湿地帯の造成、バイオ燃料などへの柳の利用が進みつつある。

注

序章　自然界のヤナギ

1　Christopher Newsholme, *Willows: The Genus Salix* (London, 1992), pp. 10–12.
2　Archie Miles, *Silva: The Tree in Britain* (London, 1999), p. 188.
3　J. L. Knapp, *The Journal of a Naturalist*, 2nd edn (London, 1829), p. 397.
4　Miles, *Silva*, p. 58.
5　John Evelyn, *Sylva; or, A Discourse of Forest-Trees* (London, 1670), p. 88.
6　Carl von Linné, *Species Plantarum*, 2nd edn (Stockholm, 1763), vol. II, p. 1449.
7　William Jackson Hooker, *The British Flora; Comprising the Phaenogamous, or Flowering Plants, and the Ferns*, 2nd edn (London, 1831), p. 409.
8　Newsholme, *Willows*, p. 23.
9　Marcus Porcius Cato, *On Agriculture*, trans. William David Hooper (Cambridge, MA, 1934), p. 7 (book 1, section 1.7).
10　Pliny the Elder, *Natural History*, trans. H. Rackham (London, 1945), vol. IV, p. 499 (book 16, chapter 67).［プリニウス『プリニウス博物誌　植物篇（新装版）』大槻真一郎責任編集／八坂書房／ 2009年］
11　John Gerard, *The Herbal; or, Generall historie of plantes* (London, 1597), pp. 1202–04.
12　Pliny the Elder, *Natural History*, trans. W.H.S. Jones (London, 1956), vol. VII, p. 45 (book 24, chapter 37).［前掲］
13　Evelyn, *Sylva*, pp. 86, 88, 90, 86.
14　Hooker, *British Flora*, p. 409.
15　James Forbes, *Salictum Woburnense; or, A Catalogue of Willows, Indigenous and Foreign, in the Collection of the Duke of Bedford, Woburn Abbey* (London, 1829), p. 49.
16　William Scaling, *The Salix or Willow in a Series of Papers: Part 1* (London, 1871), pp. 4–5 of the 'Descriptive Catalogue'.
17　Nicholas Culpeper, *Culpeper's English Physician; and Complete Herbal* (London, 1789), p. 386.［ニコラス・カルペパー『カルペパーハーブ事典』木村正典監修／戸坂藤子訳／パンローリング／ 2015年］
18　Evelyn, *Sylva*, p. 89.
19　Henry David Thoreau, *Faith in a Seed: The Dispersion of Seeds and Other Late*

Natural History Writings, ed. Bradley P. Dean (Washington, DC, 1993), pp. 56–7.［ヘンリー・D. ソロー『森を読む――種子の翼に乗って』伊藤詔子訳／宝島社／ 1995年］
20 Miles, *Silva*, p. 330.
21 J. C. Loudon, *Arboretum et Fruticetum Britannicum; or, The Trees and Shrubs of Britain*, 2nd edn (London, 1854), vol. III, p. 1462.
22 Fred Hageneder, *The Spirit of Trees: Science, Symbiosis and Inspiration* (Edinburgh, 2000), p. 125.
23 Isidore of Seville, *The Etymologies of Isidore of Seville*, trans. Stephen A. Barney et al. (Cambridge, 2006), p. 346 (XVII.vii.47–8).
24 Thoreau, *Faith in a Seed*, p. 61.［前掲］
25 Wilhelm Mannhardt, *Der Baumkultus der Germanen und ihrer Nachbartstämme* (Berlin, 1875), p. 32.
26 Sir James Frazer, *The Golden Bough: A Study in Magic and Religion*, abbreviated edn (New York, 1996), pp. 791, 632.［J.G. フレイザー『初版金枝篇』吉川信訳／筑摩書房／ 2003年］
27 Edmund Stone, 'An Account of the Success of the Bark of the Willow in the Cure of Agues', *Philosophical Transactions of the Royal Society of London*, 53 (1763), pp. 195–200, p. 198.
28 K. C. Nicolaou and T. Montagnon, *Molecules that Changed the World* (Weinheim, 2008), pp. 23–4.
29 Dioscorides Pedanius, *The Greek Herbal of Dioscorides*, trans. John Goodyer, ed. Robert T. Gunther (New York, 1959), p. 75.［ディオスコリデス『ディオスコリデスの薬物誌』小川鼎三ほか編集／鷲谷いづみ訳／エンタプライズ／ 1983年］
30 Pliny, *Natural History*, vol. VII, p. 45 (book 24, chapter 37).［前掲］
31 William Turner, *The second parte of William Turners herball* (Cologne, 1562), p. 126.
32 Culpeper, *Culpeper's English Physician*, p. 386.［前掲］
33 Miles, *Silva*, p. 266.
34 Dioscorides, *Greek Herbal*, p. 75［前掲］; Pliny, *Natural History*, vol. VII, p. 47 (book 24, chapter 37).［前掲］
35 Homer, *The Odyssey*, trans. A. T. Murray (Cambridge, ma, 1945), vol. II, p. 381 (book 10, line 510); Hugo Rahner, *Greek Myths and Christian Mystery* (London, 1963), pp. 286–98.［ホメロス『オデュッセイア』松平千秋訳／岩波書店／

1994年]

36 Pliny, *Natural History*, vol. IV, p. 461 (book 16, chapter 46). [前掲]

37 John M. Riddle, *Contraception and Abortion from the Ancient World to the Renaissance* (Cambridge, MA, 1994), pp. 85, 89, 97, 127, 129.

38 Jennifer Wurges and Rebecca J. Frey, 'White Willow', in *The Gale Encyclopedia of Alternative Medicine*, 3rd edn (Detroit, MI, 2009), vol. IV, pp. 2375–7, p. 2375.

39 *Chinese–English Chinese Traditional Medical World–Ocean Dictionary* (Taiyuan, 1995), p. 1171.

40 Li Shizhen, *Compendium of Materia Medica* (Bencao Gangmu), trans. Luo Xiwen (Beijing, 2003), vol. V, pp. 3084–5, 3089. [李時珍『国訳本草綱目：新註校訂』(全15冊) 鈴木真海訳／白井光太郎校注／木村康一ほか新註校訂／春陽堂書店／ 1973 ～ 78年]

41 Case 41, Edward Smith Surgical Papyrus, New York Academy of Medicine, trans. James P. Allen, available at http://archive.nlm.nih.gov.

42 Andrew Edmund Goble, 'War and Injury: The Emergence of Wound Medicine in Medieval Japan', Monumenta Nipponica, LX/3 (2005), pp. 297–338, p. 315. [『Monumenta Nipponica（モニュメンタ・ニッポニカ）』誌／ Sophia University(上智大学) 出版／ 60号、2005年] [富小路範実（とみのこうじのりざね）『鬼法』富士川文庫／明徳2年／京都大学貴重資料デジタルアーカイブ] [著者不詳『金瘡療治鈔』鏡寓仲益（きょうじまちゅうえき）(写) ／天明4 [1784] 跋／早稲田大学図書館所蔵]

43 Aulus Cornelius Celsus, *De Medicina*, trans. W. G. Spencer (London, 1961), vol. II, p. 287 (book 6, chapter 18, section 9 C10)

44 Ms III.33 (C64) (*Yangsheng fang*), in *Early Chinese Medical Literature: The Mawangdui Medical Manuscripts*, trans.Donald J. Harper (London, 1998), p. 339.

45 See Worldwatch Institute, 'Residents of Inner Mongolia Find New Hope in the Desert', 14 August 2007, www.worldwatch.org; Joy Abrahams, 'WET Systems for Waste Purification and Resource Production', 1 October 1996, www.permaculture.co.uk; and various articles in the United Nations' forestry journal's special issue on poplars and willows, *Unasylva*, 221 (2005), www.fao.org/docrep.

46 S. J. Hanley, 'Willow', in *Energy Crops*, ed. Nigel G. Halford and Angela Karp (Cambridge, 2011), pp. 259–74, pp. 270–71.

第1章　春と喪の儀式

1　Richard H. Wilkinson, *Symbol and Magic in Egyptian Art* (London, 1994), pp. 90–91.

2　Ludwig Keimer, 'L'arbre tjeret: est il réellement le saule égyptien (*Salix safsaf* Forsk.)?', *Bulletin de l'Institut français d'archéologie orientale*, 31 (1931), pp. 177–237, pp. 211, 197.

3　Charles M. Skinner, *Myths and Legends of Flowers, Trees, Fruits, and Plants in All Ages and All Climes* (Philadelphia, PA, 1925), p. 296. ［C.M. スキナー『花の神話と伝説』垂水雄二・福屋正修訳／八坂書房／ 1999年］

4　Alexander Porteous, *Forest Folklore, Mythology, and Romance* (New York, 1928), p. 64.

5　Skinner, *Myths*, p. 296. ［前掲］

6　Hugo Rahner, *Greek Myths and Christian Mystery* (London, 1963), pp. 291–2.

7　Bruce M. Metzger and Roland E. Murphy, eds, *The New Oxford Annotated Bible with the Apocryphal / Deuterocanonical Books: New Revised Standard Edition* (New York, 1991), p. 792, lines 1–2. ［『聖書　新共同訳――旧約聖書続編つき』日本聖書協会／ 1987 ～ 88年］

8　Hui-Lin Li, *Shade and Ornamental Trees: Their Origin and History* (Philadelphia, PA, 1996), p. 45.

9　Lucy Hooper, ed., *The Lady's Book of Flowers and Poetry* (New York, 1842), p. 239.

10　Rahner, *Greek Myths*, p. 314.

11　Angelo de Gubernatis, *La Mythologie des plantes; ou, Les Légendes du règne végétal* (Paris, 1882), vol. II, p. 5.

12　Wilhelm Mannhardt, *Der Baumkultus der Germanen und ihrer Nachbartstämme* (Berlin, 1875), p. 293. Mannhardt's treatment of pussy willows in European ritual is extensive; see pp. 257–93.

13　Ibid., p. 257.

14　Sir James *Frazer, The Golden Bough: A Study in Magic and Religion*, abbreviated edn (New York, 1996), pp. 146–7. ［前掲］

15　Mannhardt, *Baumkultus*, pp. 193, 199, 207.

16　Frazer, *Golden Bough*, pp. 148–9. ［前掲］

17　Joseph Strutt, *The Sports and Pastimes of the People of England* (London, 1801), p. 282.

18　Princess Marthe Bibesco, *Isvor, The Country of Willows,* trans. Hamish Miles (Lon

don, 1924), pp. 105–06, 121. ［プリンセス・マルト・ビベスコの生涯と小説『イズヴォール、柳の里』については、佐野満里子著『作家になったプリンセス——マルト・ビベスコの生涯』（ボイジャー／2012年）にくわしい］

19 Mannhardt, *Baumkultus*, pp. 251–2.

20 Patricia Bjaaland Welch, *Chinese Art: A Guide to Motifs and Visual Imagery* (Tokyo, 2008), p. 41.

21 John C. Huntington, *The Circle of Bliss: Buddhist Meditational Art* (Chicago, 2003), p. 344.

22 John Batchelor, 'Items of Ainu Folk-Lore', *Journal of American Folk-Lore*, VII/24 (1894), pp. 15–44, p. 25.

23 J. Batchelor, 'Specimens of Ainu Folk-lore', *Transactions of the Asiatic Society of Japan*, 16 (1889), pp. 111–59, p. 116. ［日本アジア協会（1872年横浜で創立）の英文機関誌。16号、1889年］

24 Teiichi Yagishita, *Yanagi no bunkashi* (Kyoto, 1995), pp. 35, 60, 112–16, 56–7. ［柳下貞一『柳の文化誌』淡交社／1995年］

25 Herodotus, *The Histories,* trans. Aubrey de Sélincourt, rev. John Marincola (Harmondsworth, 1996), p. 236 (book 4, section 67). ［ヘロドトス『歴史』松平千秋訳／岩波書店／1971－72年］

26 Brian Baumann, *Divine Knowledge: Buddhist Mathematics According to the Anonymous Manual of Mongolian Astrology and Divination* (Leiden, 2008), p. 280.

27 *Wandering Spirits: Chen Shiyuan's Encyclopedia of Dreams*, trans. Richard E. Strassberg (Berkeley, CA, 2008), p. 58. ［陳士元『夢占逸旨』］

28 Frances Densmore, *Chippewa Customs* (Minneapolis, MN, 1970), p. 52.

29 Fang Jing Pei, *Symbols and Rebuses in Chinese Art: Figures, Bugs, Beasts, and Flowers* (Berkeley, CA, 2004), p. 191; Wolfram Eberhard, *A Dictionary of Chinese Symbols: Hidden Symbols in Chinese Life and Thought*, trans. G. L. Campbell (London, 1986), p. 314.

30 Keimer, 'L'arbre tjeret', pp. 200–04.

31 Melvin R. Gilmore, 'Uses of Plants by the Indians of the Missouri River Region', in *Thirty-Third Annual Report of the Bureau of American Ethnology to the Secretary of the Smithsonian Institution* (Washington, DC, 1919), pp. 43–154, pp. 73–4.

32 Edwin Dethlefsen and James Deetz, 'Death's Heads, Cherubs, and Willow Trees: Experimental Archaeology in *Colonial Cemeteries', American Antiquity*, XXXI/4 (1966), pp. 502–10, pp. 503, 508.

33 Welch, *Chinese Art*, p. 41.

34 Skinner, *Myths*, p. 296.［前掲］

35 Mannhardt, *Baumkultus*, pp. 42, 26.

36 Johann Georg Krünitz, 'Kirch-Hof', in *Oeconomisch-technologische Encyclopädie, oder Allgemeines System der Stats-, Stadt-, Haus-, und Land-Wirthschaft, und der Kunst-Geschichte* (Berlin, 1786), p. 423, translated by Nina Amstutz.

37 *OED* s.v. 'wicked', adj. 1, 'wick', adj. 1, 'witch', n. 2, 'wicker', n.

38 Skinner, *Myths*, p. 296.［前掲］

39 Jes Battis, '"She's Not All Grown Yet": Willow as Hybrid/Hero in *Buffy the Vampire Slayer*', *Slayage*, II/4 [8] (2003), http://slayageonline.com, accessed 17 March 2012.

40 Yagishita, *Yanagi*, p. 171.［前掲］

41 Mannhardt, *Baumkultus*, pp. 69, 104; see also W.R.S. Ralston, 'Forest and Field Myths', *Contemporary Review*, 31 (1877–8), pp. 520–37, p. 525.

42 Patricia Monaghan, *Encyclopedia of Goddesses and Heroines* (Santa Barbara, CA, 2010), vol. II, p. 559.

43 Percy Manning, 'Some Oxfordshire Seasonal Festivals: With Notes on Morris-Dancing in Oxfordshire', *Folklore*, VIII/4 (1897), pp. 307–24, p. 311.

44 Mannhardt, *Baumkultus*, pp. 323, 343; Frazer, *Golden Bough*, p. 149.［前掲］

45 Henry Balfour, 'A Primitive Musical Instrument', *The Reliquary and Illustrated Archaeologist* (1896), pp. 221–4, p. 221.

46 Mannhardt, *Baumkultus*, pp. 342–3, 345.

47 Ola Kai Ledang, 'Revival and Innovation: The Case of the Norwegian Seljefløyte', *Yearbook for Traditional Music*, 18 (1986), pp. 145–56.

48 Simon Chadwick, 'The Early Irish Harp', *Early Music*, XXXVI/4 (2008), pp. 521–31.

49 Victor King Chestnut, 'Plants Used by the Indians of Mendocino County, California', *Contributions from the U.S. National Herbarium*, VII/3 (1902), pp. 295–408, p. 332.

50 Fred Hageneder, *The Spirit of Trees: Science, Symbiosis and Inspiration* (Edinburgh, 2000), p. 128.

51 James Legge, trans. and ed., *The She King*, vol. IV of *The Chinese Classics with a Translation, Critical and Exegetical Notes, Prolegomena, and Copious Indexes*, 2nd edn (Taipei, 1971), p. 407.［『詩経雅頌 1』「224 菀柳」白川静訳注／平凡社／1998年］

52 Jerome Silbergeld, 'Kung Hsien's Self-Portrait in Willows, with Notes on the

Willow in Chinese Painting and Literature', *Artibus Asiae*, XLII/1 (1980), pp. 5–38, p. 12.

53 Richard L. Edmonds, 'The Willow Palisade', *Annals of the Association of American Geographers*, LXIX/4 (1979), pp. 569–621. See also David Sneath, 'Beyond the Willow Palisade: Manchuria and the History of China's Inner Asian Frontier', *Asian Affairs*, XXXIV/1 (2003), pp. 3–11.

54 Silbergeld, 'Kung Hsien's Self-Portrait', p. 29.

55 David Quintner, *Willow! Solving the Mystery of Our 200-Year Love Affair with the Willow Pattern* (Burnstown, ON, 1997), p. 34.

56 *French Caricature and the French Revolution, 1789–1799*, exh. cat., Grunwald Center for the Graphic Arts, Los Angeles (1988), pp. 197–8.

57 For more detail, see the Burke and Fox entries in Roland G. Thorne, *The House of Commons 1790–1820*, 5 vols (London, 1986).

58 Archie Miles, *Sylva: The Tree in Britain* (London, 1999), p. 291.

59 Simon Schama, *Landscape and Memory* (London, 1995), p. 573.［サイモン・シャーマ『風景と記憶』高山宏・栂正行訳／河出書房新社／2005年］

60 Frank Coffee, *Forty Years on the Pacific* (New York, 1920), p. 185.

61 'Partition of the Western Pacific', *Edinburgh Review*, CXCI/392 (1900), pp. 478–509, p. 500.

62 Hugh Hastings Romilly, *The Western Pacific and New Guinea: Notes on the Natives, Christian and Cannibal, with Some Account of the Old Labour Trade*, 2nd edn (London, 1887), pp. 141–2.

63 Keith A. P. Sandiford, 'Introduction', in *The Imperial Game: Cricket, Culture and Society*, ed. Brian Stoddart and Keith A. P. Sandiford, pp. 1–8 (Manchester, 1998), p. 1.

64 Richard Cashman, 'The Subcontinent', in *The Imperial Game*, pp. 116–33, p. 123.

65 Guy Hardy Scholefield, *The Pacific, its Past and Future, and the Policy of the Great Powers from the Eighteenth Century* (London, 1919), p. 199.

66 Julius Caesar, *Caesar's Commentaries on the Gallic War*, trans. T. Rice Holmes (London, 1908), p. 183.［カエサル『ガリア戦記』近山金次訳／岩波書店／1964年］

67 See Ronald Hutton, *Blood and Mistletoe: The History of the Druids in Britain* (New Haven, CT, 2009), pp. 3–5.

68 Aylett Sammes, *Britannia Antiqua Illustrata; or, The Antiquities of Ancient Britain*

(London, 1676), pp. 104–6, emphasis in original.

69 Hutton, *Blood and Mistletoe*, p. 70.

70 Robert Southey, *The Book of the Church*, 2nd edn (London, 1824), vol. I, pp. 8–9.

71 'Superstitions of the Druids', *Saturday Magazine*, I/10 (1832), pp. 73–4.

72 'Ancienne Religion des Gaulois', *Magasin pittoresque*, I/13 (1833), pp. 97–8.

73 For a few examples, see Jonathan Brooke, 'Providentialist Nationalism and Juvenile Mission Literature, 1840–1870', available at http://henrymartyn.dns-systems.net, accessed 13 August 2013.

74 Mannhardt, *Baumkultus*, p. 514.

75 Robert Graves, *The White Goddess: A Historical Grammar of Poetic Myth*, ed. Grevel Lindop (London, 1997), p. 53.

76 Ernst Benkard, *Undying Faces: A Collection of Death Masks*, trans. Margaret M. Green (London, 1929), pp. 18–27, quotation on p. 27.

77 Jennifer Woodward, 'Funeral Rituals in the French Renaissance', *Renaissance Studies*, IX/4 (1995), pp. 385–94, p. 387.

78 'Art-Rambles in Belgium, Chapter 3', *Art Journal*, 45 (1865), pp. 277–80, p. 277.

79 Mannhardt, *Baumkultus*, p. 523.

80 Nicole Parrot, *Mannequins*, trans. Sheila de Vallée (London, 1982), p. 35.

81 Anatole France, *Le Mannequin d'osier* (Paris, 1898), pp. 125, 163, 167.［アナトオル・フランス『アナトオル・フランス長篇小説全集第4巻 現代史 I』「柳のひとがた」大岩誠訳／白水社／ 1951年］

第2章　柳細工

1 Lise Bender Jørgensen, 'Europe', in *The Cambridge History of Western Textiles*, ed. David Jenkins (Cambridge, 2003), vol. I, p. 54.

2 J. Ernest Phythian, *Trees in Nature, Myth and Art* (London, 1907), p. 92.

3 Princess Marthe Bibesco, *Isvor: The Country of Willows,* trans. Hamish Miles (London, 1924), p. 145.［前掲］

4 Ralph Shanks, *Indian Baskets of Central California: Art, Culture, and History*, ed. Lisa Woo Shanks (Novato, CA, 2006), p. 10.

5 Catherine S. Fowler, 'Foreword', in Mary Lee Fulkerson, *Weavers of Tradition and Beauty: Basketmakers of the Great Basin* (Reno, NV, 1995), pp. ix–x.

6 Shanks, *Indian Baskets*, p. 25.

7 Victor King Chestnut, 'Plants Used by the Indians of Mendocino County, California', *Contributions from the U.S. National Herbarium*, VII/3 (1902), p. 331.

8 Evan M. Maurer, 'Determining Quality in Native American Art', in *The Arts of the North American Indian: Native Traditions in Evolution*, ed. Edwin L. Wade (New York, 1986), pp. 143–55, pp. 151–2.

9 Pliny the Elder, *Natural History*, trans. H. Rackham (London, 1945), vol. IV, p. 501 (book 16, chapter 68).［前掲］［プリニウス『プリニウス博物誌　植物篇（新装版）』大槻真一郎責任編集／八坂書房／ 2009年］

10 Christoph Will, *International Basketry for Weavers and Collectors* (Exton, PA, 1985), p. 68; John Kennedy Melling, *Discovering London's Guilds and Liveries* (Princes Risborough, 2003), p. 42.

11 Maurice Bichard, *Baskets in Europe* (Abingdon, 2008), p. 43.

12 Kari Lønning, *The Art of Basketry* (New York, 2000), p. 88.

13 Kate Lynch, *A Guide to Somerset Willow: Past and Present* (Somerset, 2008), unpaginated.

14 Mary Butcher, *Contemporary International Basketmaking* (London, 1999), p. 16.

15 John Pickering, *A Greek and English Lexicon*, 3rd edn (Boston, 1832), p. 448; Peter Krentz, 'Warfare and Hoplites', in *The Cambridge Companion to Archaic Greece*, ed. H. A. Shapiro, pp. 61–84 (Cambridge, 2007), p. 69.

16 Will, *International Basketry*, p. 13.

17 Teiichi Yagishita, *Yanagi no bunkashi* (Kyoto, 1995), p. 211.［前掲］

18 Chestnut, 'Plants Used by the Indians', p. 331; Paul D. Campbell, Survival Skills in *Native California* (Layton, UT, 1999), pp. 253–94.

19 Dieter Kuhn, *Chinese Baskets and Mats* (Wiesbaden, 1980).

20 Basil Hall Chamberlain and W. B. Mason, *A Handbook for Travellers in Japan*, 3rd edn (London, 1891), p. 11.［B.H. チェンバレン、W.B. メーソン『チェンバレンの明治旅行案内 横浜・東京編』楠家重敏訳／新人物往来社／ 1988年］

21 Yagishita, *Yanagi*, pp. 148–9.［前掲］

22 Herodotus, *The Histories*, trans. Aubrey de Sélincourt, revd John Marincola (Harmondsworth, 1996), p. 77 (book 1, section 194).［前掲］

23 Geoffrey Chaucer, *The Hous of Fame*, ed. Walter W. Skeat (Oxford, 1893), pp. 70–71.［ジェフリー・チョーサー『チョーサーの夢物語詩』「名声の館」塩見知之訳／高文堂出版社／ 1981年］

24 Otto Lilienthal, *Birdflight as the Basis of Aviation*, trans. A. W. Isenthal (London, 1911), pp. xiv, 31, xiv.［オットー・リリエンタール『鳥の飛翔』田中豊助・

原田幾馬訳／東海大学出版会／ 2006年]

25 Sir James Hall, 'On the Origin and Principles of Gothic Architecture', *Transactions of the Royal Society of Edinburgh*, 4 (1798), part I, section II, pp. 3–27, p. 12.

26 Ibid., pp. 13–19.

27 Ibid., pp. 19, 24–5.

28 Ibid., pp. 20, 27.

29 Sir James Hall, *Essay on the Origin, History, and Principles, of Gothic Architecture* (London, 1813), pp. 120, 125.

30 Simon Schama, *Landscape and Memory* (London, 1995), p. 236.［前掲］

31 Hall, 'On the Origin', p. 8.

32 Edward Lebow, 'Patrick Dougherty', *American Craft*, LXV/3 (2005), pp. 32–7, p. 33.

33 Pat Summers, 'Itinerant Artist Patrick Dougherty', *Sculpture Magazine*, II/6 (2005), pp. 53–7, p. 54.

34 Patrick Dougherty, *Stickwork* (New York, 2010), p. 118.

35 Pliny, *Natural History*, vol. IV, p. 501 (book 16, chapter 68).［前掲］

36 Alexandra Croom, *Roman Furniture* (Stroud, 2007), pp. 116–17.

37 'Craftsman Willow Furniture', *The Craftsman*, XII/4 (1907), pp. 477–80, p. 478.

38 'Woven Willow Furniture from Germany', *The Craftsman Magazine*, XXI/5 (1912), pp. 578–9, p. 578.

39 'Craftsman Willow Furniture', p. 478.

40 Fiona MacCarthy, *William Morris: A Life for Our Time* (London, 1994), pp. 74, 674.

41 Linda Parry, *William Morris Textiles* (London, 1983), p. 42.[リンダ・パリー『ウィリアム・モリスのテキスタイル』多田稔・藤田治彦訳／岩崎美術社／ 1988年]

42 May Morris, 'Introduction', in *The Collected Works of William Morris* (New York, 1966), vol. XIII, pp. xiii–xxxvii, p. xxxii.［ウィリアム・モリス『素朴で平等な社会のために——ウィリアム・モリスが語る労働・芸術・社会・自然』城下真知子訳／せせらぎ出版／ 2019年]

43 Caroline Arscott, *William Morris and Edward Burne-Jones: Interlacings* (New Haven, CT, 2008), pp. 136–7.

44 May Morris, *William Morris: Artist, Writer, Socialist* (New York, 1966), vol. I, p. 40.

45 Ibid., p. 36.

46 James Macaulay, *Charles Rennie Mackintosh* (New York, 2010), p. 210.
47 Thomas Howarth, *Charles Rennie Mackintosh and the Modern Movement* (London, 1952), p. 50.
48 Janice Helland, *The Studios of Frances and Margaret Macdonald* (Manchester, 1996), p. 131; Macaulay, *Charles Rennie Mackintosh*, p. 212.
49 'Ein Mackintosh-Teehaus in Glasgow', *Die Kunst*, 12 (1905), pp. 257–73, p. 270.
50 Howarth, *Charles Rennie Mackintosh*, p. 142.

第3章 ロマンスとミステリーの柳模様

1 Connie Rogers, *The Illustrated Encyclopedia of British Willow Ware* (Atglen, PA, 2004), pp. 373–82; Paul Christopher Scott, 'Ceramics and Landscape, Remediation and Confection: A Theory of Surface', PhD thesis (Manchester Metropolitan University), 2010, p. 72.
2 H. A. Crosby Forbes, *Hills and Streams: Landscape Decoration of Chinese Export and Blue and White Porcelain*, exh. cat., China Trade Museum, Milton, MA (Washington, DC, 1982), unpaginated.
3 David Quintner, *Willow! Solving the Mystery of Our 200-Year Love Affair with the Willow Pattern* (Burnstown, ON, 1997), pp. 169–70.
4 Charles Toogood Downing, *The Fan-qui in China* (London, 1838), vol. II, p. 83.
5 Robert L. Thorp and Richard Ellis Vinograd, *Chinese Art and Culture* (New York, 2001), p. 299.
6 Rogers, *Illustrated Encyclopedia*, p. 10.
7 Downing, *Fan-qui*, p. 84.
8 Robert Copeland, *Spode's Willow Pattern and Other Designs After the Chinese*, 3rd edn (London, 1999), p. 4.
9 長らく典型的な柳模様の陶磁器を最初に作製したのはコーリー社だと考えられていたが、現在ではスポード社が最初という説が一般的である。おそらくミントンはコーリーからスポードに移り、そこで柳模様を案出したのだろう。
10 Scott, 'Ceramics and Landscape', p. 18.
11 Thorp and Vinograd, *Chinese Art*, p. 344; Wang Gai et al., *The Mustard Seed Garden Manual of Painting*, trans. and ed. Mai-mai Sze (Princeton, NJ, 1977), p. 111.
12 'The Pryor's Bank, Fulham', *Fraser's Magazine for Town and Country*, XXXII/192 (1845), pp. 631–46, p. 636.

13 Crosby Forbes, *Hills and Streams*, n.p.

14 William Churchill, review of *Chinesische Geschichte* by Heinrich Hermann, *Bulletin of the American Geographical Society*, XLVI/1 (1914), pp. 61–2, p. 61.

15 Charles Dickens, 'A Plated Article', *Household Words*, V/109 (1852), pp. 117–21, p. 120.

16 Warren E. Cox, *The Book of Pottery and Porcelain* (New York, 1944), vol. II, p. 769.

17 J.B.L., 'The Story of the Common Willow-Pattern Plate', *Family Friend*, 1 (1850), pp. 124–7, 151–4, p. 124.

18 *A Dish of Gossip Off the Willow Pattern, By Buz, and Plates to Match by Fuz* (London, 1867), p. 9; Mark Lemon, 'A True History of the Celebrated Wedgewood [*sic*] Hieroglyph, Commonly Called the Willow Pattern', Bentley's Miscellany, 3 (1838), pp. 61–5, p. 62.

19 Dickens, 'Plated Article', p. 120.

20 Quintner, *Willow!*, pp. 85, 46, 72, 48.

21 Lemon, 'True History', p. 65.

22 J.B.L., 'Story', pp. 126, 127, 154.

23 Patricia O'Hara, '"The Willow Pattern that We Knew": The Victorian Literature of Blue Willow', *Victorian Studies*, XXXVI/4 (1993), pp. 421–42, p. 426.

24 John Henry Newman, *Loss and Gain: The Story of a Convert* [1848], 6th edn (London, 1874), p. 76.［ジョーン・ヘンリー・ニューマン『損と得――オックスフォード學生の改宗物語』中村巳喜人訳／ドン・ボスコ社／1951年］

25 Letter of 4 March 1900 from Woodford to Charles Read of the British Museum.

26 Quintner, *Willow*, pp. 21, 129; John R. Haddad, 'Imagined Journeys to Distant Cathay: Constructing China with Ceramics, 1780–1920', *Winterthur Portfolio*, XLI/1 (2007), pp. 53–80, pp. 65–6.

27 Lemon, 'True History', pp. 62, 63.

28 Dickens, 'Plated Article', p. 120.

29 *Dish of Gossip*, p. 7.

30 Henry Wadsworth Longfellow, *Kéramos and Other Poems* (Boston, 1878), pp. 3–25, pp. 20–21.

31 J.B.L., 'Story', p. 124.

32 Dickens, 'Plated Article', p. 118.

33 J.B.L., 'Story', p. 124.

34 *The Mandarin's Daughter! Being the Simple Story of the Willow-Pattern Plate* (Lon-

don, 1865), p. 23.

35 'Theatres and Music', *The Spectator*, XXV/1228 (1852), p. 30.

36 Elizabeth Hope Chang, *Britain's Chinese Eye: Literature, Empire, and Aesthetics in Nineteenth-Century Britain* (Stanford, CA, 2010), p. 89.

37 Anne Anderson, '"Fearful Consequences . . . of Living Up to One's Teapot": Men, Women, and "Cultchah" in the English Aesthetic Movement c. 1870–1900', *Victorian Literature and Culture*, 37 (2009), pp. 219–54, p. 236.

38 George Meredith, *The Egoist: A Comedy in Narrative,* ed. Lionel Stevenson (Boston, 1958), pp. 35, 74, 126, 282, 197. ［ジョージ・メレディス『エゴイスト』朱牟田夏雄訳／岩波書店／1978年］

39 Ibid., p. 283. ［同前］

40 Ibid., pp. 330, 23. ［同前］

41 O'Hara, '"Willow Pattern"', p. 431.

42 Robert van Gulik, *The Willow Pattern: A Chinese Detective Story* (London, 1965). ［ロバート・ファン・ヒューリック『柳園の壺』和爾桃子訳／早川書房／2005年］

43 W. J. Burley, *Death in Willow Pattern* (New York, 1969).

44 James Merrill, 'The Willowware Cup', in *Braving the Elements* (New York, 1972), p. 36.

45 James Merrill, 'Mirabell: Book 3', in *The Changing Light at Sandover* (New York, 2006), p. 152. ［ジェイムズ・メリル『ミラベルの数の書』志村正雄訳／書肆山田／2005年］

46 Linda Sandino, 'Print and Be Damned', *Studio Pottery Magazine* (1996–7), pp. 30–33, p. 32.

47 *Breaking the Mould: New Approaches to Ceramics* (London, 2007), p. 190.

48 Paul Scott, *Painted Clay: Graphic Arts and the Ceramic Surface* (London, 2001), p. 147.

49 Quoted in Mark Thompson, *Gerry Wedd: Thong Cycle* (Kent Town, S. Australia, 2008), n.p.

50 'Arita Porcelain', *Oriental Economist*, XXXIII/182 (1946), p. 306.

51 Antony Hudek and Conrad Atkinson, 'Excavating the Body Politic: An Interview with Conrad Atkinson', *Art Journal*, LXII/2 (2003), pp. 4–21, pp. 4–5.

52 Quintner, *Willow*, p. 126.

53 Red Weldon Sandlin, 'About the Artist', www.ferringallery.com, accessed 23 February 2012.

第4章　散文と詩の木

1　Theophrastus, *Enquiry into Plants and Minor Works on Odours and Weather Signs*, trans. Sir Arthur Hort (London, 1916), vol. I, p. 249.

2　Roman Jakobson, 'Closing Statement: Linguistics and Poetics', in *Style in Language*, ed. Thomas A. Sebeok (Cambridge, MA, 1966), pp. 350–77, pp. 370–71.

3　Gaston Bachelard, *Water and Dreams: An Essay on the Imagination of Matter*, trans. Edith R. Farrell (Dallas, TX, 1983), p. 184.［ガストン・バシュラール『水と夢――物質的想像力試論』及川馥訳／法政大学出版局／2008年］

4　François-René de Chateaubriand, *Mémoires d'Outre-Tombe* (Paris, 1997), vol. I, p. 208.［シャトーブリアン『わが青春』真下弘明訳／勁草書房／1983年］

5　Princess Marthe Bibesco, *Isvor: The Country of Willows*, trans. Hamish Miles (London, 1924), pp. 4, 165.［前掲］

6　Patricia Bjaaland Welch, *Chinese Art: A Guide to Motifs and Visual Imagery* (Tokyo, 2008), p. 40.

7　Liu Yü-hsi, 'Willow Branch Song', trans. Daniel Bryant, in *Sunflower Splendor: Three Thousand Years of Chinese Poetry*, ed. Wu-chi Liu and Irving Yucheng Lo (Bloomington, IN, 1975), p. 200.［劉禹錫「楊柳枝詞」:『中国古典文学大系18　唐代詩集（下）』前野直彬編訳／平凡社／1970年］

8　Wolfram Eberhard, *A Dictionary of Chinese Symbols: Hidden Symbols in Chinese Life and Thought*, trans. G. L. Campbell (London, 1986), p. 314.

9　Li Shangyin, 'Willow', in *Poems of the Late T'ang*, trans. A. C. Graham (Harmondsworth, 1977), p. 154.［李商隠「柳」:高橋和巳『李商隠――高橋和巳コレクション4』河出書房新社／1996年に収録］

10　Yang Yuhuan, 'For my Maidservant Zhang Yunrong, upon Seeing Her Dance', in *Willow, Wine, Mirror, Moon: Women's Poems from Tang China*, trans. Jeanne Larsen (Rochester, NY, 2005), p. 33.［楊貴妃「阿那曲（贈張雲容舞／張雲容の舞に贈る詩）」:楽恕人『唐代の女流詩人』毎日新聞社／1980年］

11　Harriet Zurndorfer, 'Willowy as a Willow', in *100,000 Years of Beauty*, ed. Elisabeth Azoulay (Paris, 2009), vol. III, p. 114; Eberhard, *Dictionary*, p. 314.

12　Jerome Silbergeld, 'Kung Hsien's Self-portrait in Willows, with Notes on the Willow in Chinese Painting and Literature', *Artibus Asiae*, XLII/1 (1980), pp. 5–38, p. 25; Eberhard, *Dictionary*, p. 314.

13　Marsha L. Wagner, *The Lotus Boat: The Origins of Chinese Tz'u Poetry in T'ang Popular Culture* (New York, 1984), pp. 101–02.［韓翃「章台柳」／柳氏答詞：『新書漢文大系　10　唐代伝奇』「柳氏伝」内田泉之助・乾一夫著／波出石実

編／明治書院／1996年]

14 Ibid., p. 86.［『敦煌曲子詞集』唐代歌妓の詞：『新釈漢文大系　84　中国名詩選』馬嶋春樹著／明治書院／1975年（54頁に掲載）］

15 Eberhard, *Dictionary*, p. 314.

16 Liu Yü-hsi, 'Willow Branch Song', p. 200.［前掲］

17 Michelle Mi-Hsi Yeh, 'The Chinese Poem: The Visible and the Invisible in Chinese Poetry', *Manoa*, XII/1 (2000), pp. 139–46, p. 141.

18 Silbergeld, 'Kung Hsien's Self-Portrait', p. 26.

19 Zhou Dehua, 'Willow Branches', in *Willow, Wine, Mirror, Moon*, p. 92.

20 Su Shih, 'After Chang Chi-fu's Lyric on the Willow Catkin: Using the Same Rhyming Words', trans. James J. Y. Liu, in *Sunflower Splendor*, p. 350.

21 Teiichi Yagishita, *Yanagi no bunkashi* (Kyoto, 1995), p. 28［前掲］; Silbergeld, 'Kung Hsien's Self-Portrait', p. 25.

22 Sei Shonagon, *The Pillow Book,* trans. Meredith McKinney (London, 2006), p. 87.［清少納言『新編日本古典文学全集18　枕草子』松尾聰・永井和子校注・訳／小学館／1997年］

23 Andrew Lawrence Markus, *The Willow in Autumn: Ryutei Tanehiko, 1783–1842* (Cambridge, MA, 1992), p. 38; Robin D. Gill, T*he Woman Without a Hole and Other Risky Themes from Old Japanese Poems: 18–19c senryu compiled*, translated and essayed (Key Biscayne, FL, 2007), p. 468.

24 Yagishita, *Yanagi*, p. 29.［前掲］

25 *The Moon in the Pines: Zen Haiku*, trans. Jonathan Clements (London, 2000), p. 31.

26 Yagishita, *Yanagi*, p. 140.［前掲］

27 Makoto Ueda, *The Path of Flowering Thorn: The Life and Poetry of Yosa Buson* (Stanford, CA, 1998), p. 101.

28 Yagishita, *Yanagi*, pp. 70, 66, 205, 207.［前掲］

29 See, for example, Lafcadio Hearn, *Kwaidan: Stories and Studies of Strange Things* (Boston, 1904), pp. 65–75.［ラフカディオ・ハーン『怪談』南條竹則訳／光文社／2018年］

30 Nizami Ganjavi, *The Loves of Lailí and Majnún,* trans. James Atkinson (London, 1894).［ニザーミー『ライラとマジュヌーン——アラブの恋物語』岡田恵美子訳／平凡社／1981年］

31 Pausanias, *The Description of Greece,* trans. Thomas Taylor (London, 1794), vol. III, p. 187.［パウサニアス『ギリシア案内記』馬場恵二訳／岩波書店／1991

－92年]

32 Rainer Maria Rilke, *Die Sonette an Orpheus: geschrieben als ein Grab-mal für Wera Ouckama Knoop* (Leipzig, 1923), p. 12.［リルケ『リルケ詩集』「オルフォイスに寄せるソネット」高安国世訳／岩波書店／2010年]

33 See Karl Siegler, 'Translations of Rilke's "Sonnets to Orpheus" with Pertinent Critical and Textual Commentary', MA thesis (Simon Fraser University, 1974), p. 60.

34 Claudette Sartiliot, *Herbarium Verbarium: The Discourse of Flowers* (Lincoln, NE, 1993), p. 71.

35 Virgil, *The Eclogues of Virgil*, trans. David Ferry (New York, 1999), pp. 81, 7, 9.［ウェルギリウス『牧歌・農耕詩』河津千代訳／未来社／1994年]

36 Robert Herrick, 'To the Willow-tree', in *Hesperides; or, The Works Both Humane and Divine of Robert Herrick Esq.* (London, 1648), p. 120, lines 5–8.［ヘリック『ヘリック詩鈔』「柳」森亮訳／岩波書店／2007年]

37 Eamon Grennan, 'The Women's Voices in "Othello": Speech, Song, Silence', *Shakespeare Quarterly*, XXXVIII/3 (1987), pp. 275–92, p. 277; Ernest Brennecke, '"Nay, That's Not Next!": The Significance of Desdemona's "Willow Song"', *Shakespeare Quarterly*, IV/1 (1953), pp. 35–8, p. 35.[シェイクスピア『オセロー』第4幕第3場デズデモーナの「柳の歌」／松岡和子訳／筑摩書房／2006年]

38 Frank Kermode, 'Othello, the Moor of Venice', in *The Riverside Shakespeare*, ed. G. Blakemore Evans and J.J.M. Tobin, 2nd edn (Boston, 1997), pp. 1246–50, p. 1246.

39 Joel Fineman, 'The Sound of O in Othello: The Real of the Tragedy of Desire', in *The Subjectivity Effect in Western Literary Tradition: Essays Toward the Release of Shakespeare's Will* (Cambridge, MA, 1991), pp. 143–64, pp. 145, 151, 157, 158.

40 Kimberly Rhodes, *Ophelia and Victorian Visual Culture: Representing Body Politics in the Nineteenth Century* (Aldershot, 2008), p. 74; 'Exhibition of the Royal Academy', *The Times* (1 May 1852), p. 8.

41 Dante Gabriel Rossetti, 'Willowwood', in *Poems* (London, 1870), pp. 212–15.[ダンテ・ゲイブリエル・ロセッティ『いのちの家』「柳の森」伊藤勳訳／書肆山田／2012年]

42 Isobel Armstrong, 'D. G. Rossetti and Christina Rossetti as Sonnet Writers', *Victorian Poetry*, XLVIII/4 (2010), pp. 461–73, esp. pp. 466–7.

43 Christina Rossetti, 'An Echo from Willowwood', *Magazine of Art* (1890), p. 385.

［クリスティナ・ロセッティ『ジュニア文芸1（4）』「愛の名詩《柳の森の谺》」三井ふたばこ訳／小学館／1967年／国立国会図書館デジタルコレクション（雑誌）］

44 W. H. Auden, 'Underneath an Abject Willow', in T*he English Auden: Poems, Essays and Dramatic Writings*, 1927–1939, ed. Edward Mendelson (London, 1977), p. 160.

45 Hans Christian Andersen, 'Under the Willow Tree', in *The Complete Fairy Tales and Stories*, trans. Erik Christian Haugaard (New York, 1983), pp. 431–44, pp. 443, 444.［アンデルセン『完訳 アンデルセン童話集3』「柳の木の下で」大畑末吉訳／岩波書店／1984年］

46 Letter to Fritz Lieber of 9 November 1936, in *Fritz Lieber and H. P. Lovecraft: Writers of the Dark*, ed. Ben J. S. Szumskyj and S. T. Joshi (Holicong, NJ, 2004), p. 15.

47 Algernon Blackwood, 'The Willows', in *The Listener, and Other Stories* (London, 1907), pp. 127–203, pp. 127, 130, 146–7, 186, 153.［アルジャノン・ブラックウッド『幻想と怪奇――英米怪談集1』「柳」宇野利泰訳／早川書房／1974年］

48 J.R.R. Tolkien, *The Lord of the Rings* (London, 1993), pp. 111–17.［J.R.R. トールキン『新版 指輪物語　旅の仲間』瀬田貞二・田中明子訳／評論社／1992年］

49 Ibid., pp. 121–8.［同前；J.R.R. トールキン『新版 指輪物語　二つの塔』瀬田貞二・田中明子訳／評論社／1992年］

50 J. K. Rowling, *Harry Potter and the Chamber of Secrets* (New York, 1999), pp. 75, 89.［J.K. ローリング『ハリー・ポッターと秘密の部屋』松岡佑子訳／静山社／2004年］

51 J. K. Rowling, *Harry Potter and the Prisoner of Azkaban* (New York, 1999), p. 335.［J.K. ローリング『ハリー・ポッターとアズカバンの囚人』松岡佑子訳／静山社／2004年］

52 Noel Chevalier, 'The Liberty Tree and the Whomping Willow: Political Justice, Magical Science, and Harry Potter', *The Lion and the Unicorn*, XXIX/3 (2005), pp. 397–415, p. 402.

53 Letter of 2 September 1908 from Algernon Methuen to Kenneth Grahame, quoted in Kenneth Grahame, *The Annotated Wind in the Willows*, ed. Annie Gauger (New York, 2009), p. lvi.［ケネス・グレーアム『たのしい川べ』石井桃子訳／岩波書店／2002年］

54 Grahame, *Annotated Wind*, pp. 171–2.［同前］

55 Hubert Selby Jr, *The Willow Tree* (New York, 1998), p. 133.

56 Carolyn Forché, 'The Garden Shukkei-en', in *The Angel of History* (New York, 1994), pp. 70–71.

57 Velimir Khlebnikov, 'The Willow Twig', in *Collected Works of Velimir Khlebnikov*, trans. Paul Schmidt, ed. Ronald Vroon (Cambridge, MA, 1989), vol. II, pp. 150–51. [ヴェリミール・フレーブニコフについては、亀山郁夫『甦るフレーブニコフ』平凡社／2009年にくわしい]

第5章　不朽の画題

1 Richard Edwards, *The Heart of Ma Yuan: The Search for a Southern Song Aesthetic* (Hong Kong, 2011), p. 7.

2 Sherman E. Lee and Wen Fong, 'Streams and Mountains without End: A Northern Sung Handscroll and Its Significance in the History of Early Chinese Painting', revd edn, *Artibus Asiae, Supplementum*, 14 (1967), pp. 1–59, p. 24.

3 Edwards, *Heart of Ma Yuan*, p. 222.

4 Ibid.

5 Jerome Silbergeld, 'Kung Hsien's Self-Portrait in Willows, with Notes on the Willow in Chinese Painting and Literature', *Artibus Asiae*, XLII/1 (1980), pp. 5–38, p. 33.

6 Edwards, *Heart of Ma Yuan*, p. 222.

7 Patricia Bjaaland Welch, *Chinese Art: A Guide to Motifs and Visual Imagery* (Tokyo, 2008), p. 252.

8 Wang Gai et al., *The Mustard Seed Garden Manual of Painting*, trans. and ed. Mai-mai Sze (Princeton, NJ, 1977), p. 114. [(王概等著)『芥子園画伝：東洋画の描き方』草薙奈津子現代語訳／芸艸堂／2002年]

9 Quoted in Silbergeld, 'Kung Hsien's Self-Portrait', p. 32.

10 Wang, *Mustard Seed*, p. 111. [前掲]

11 Sebastian Izzard, *Hiroshige / Eisen: The Sixty-Nine Stations of the Kisokaido* (New York, 2008), p. 78. [歌川広重・渓斎英泉画『木曽海道六拾九次之内』福田訓子企画・編集・執筆／中山道広重美術館／2013年]

12 Amina Okada, *Le Grand Moghol et ses peintres: miniaturistes de l'Inde aux XVIe et XVIIe Siècles* (Paris, 1992), pp. 105–6.

13 William Gilpin, *Remarks on Forest Scenery, and Other Woodland Views*, ed. Sir Thomas Dick Lauder (Edinburgh, 1834), vol. I, p. 133.

14 Jacob George Strutt, *Sylva Britannica; or, Portraits of Forest Trees Distinguished for*

their Antiquity, Magnitude, or Beauty (London, 1830), p. 98.

15 Letter from Vincent van Gogh to Theo van Gogh, written between 12 and 15 October 1881, inv. no. b172 V/1961 in the Van Gogh Museum, Amsterdam. ［1881年10月12～15日にゴッホから弟テオに宛てた手紙。ゴッホの手紙の邦訳は、フィンセント・ファン・ゴッホ『ファン・ゴッホの手紙Ⅰ・Ⅱ』ファン・ゴッホ美術館編／圀府寺司訳／新潮社／2020年などがある］

16 Stephanie S. Dickey, '"Judicious Negligence": Rembrandt Transforms an Emblematic Convention', *Art Bulletin*, LXVIII/2 (1986), pp. 253–62, p. 256.

17 Susan Donahue Kuretsky, 'Rembrandt's Tree Stump: An Iconographic Attribute of St Jerome', *Art Bulletin*, LXI/4 (1974), pp. 571–80, pp. 571, 580.

18 Kenneth Clark, *Landscape into Art,* revd edn (London, 1979), p. 124. ［ケネス・クラーク『風景画論』佐々木英也訳／筑摩書房／2007年］

19 *Claude Gellée, dit le Lorrain: le dessinateur face à la nature*, ed. Carel van Tuyll van Serooskerken and Michiel C. Plomp, exh. cat., Musée du Louvre, Paris, and Teylers Museum, Haarlem (Paris, 2011), p. 266.

20 John Constable, quoted in Edward Verrall Lucas, *John Constable, the Painter* (London, 1924), p. 57.

21 Letter from John Constable to Rev. John Fisher, 23 October 1821, in *John Constable's Correspondence*, ed. R. B. Beckett (Ipswich, 1968), vol. VI, p. 77.

22 J. Ernest Phythian, *Trees in Nature, Myth and Art* (London, 1907), p. 90.

23 Marius de Zayas, *How, When, and Why Modern Art Came to New York*, ed. Francis M. Naumann (Cambridge, MA, 1996), p. 2.

24 J. B. Kerfoot, 'Black Art: A Lecture on Necromancy and the Photo-Secession', *Camera Work*, 8 (1904), reprinted in *Camera Work: A Critical Anthology*, ed. Jonathan Green (New York, 1973), pp. 47–9, p. 49.

25 *The Alternative Image: An Aesthetic and Technical Exploration of Nonconventional Photographic Printing Processes*, exh. cat., John Michael Kohler Arts Centre, Sheboygan, WI, and Toledo Museum of Art, OH (Sheboygan, WI, 1983), p. 56.

26 Gustave Geffroy, *Claude Monet: sa vie, son temps, son oeuvre* (Paris, 1922), p. 336. ［ギュスターブ・ジェフロワ『クロード・モネ――印象派の歩み』黒江光彦訳／東京美術／1974年］

27 Virginia Spate and David Bromfield, 'A New and Strange Beauty: Monet and Japanese Art', in *Monet and Japan*, exh. cat., National Gallery of Australia, Canberra (Canberra, 2001), pp. 2–63, p. 51.

28 Virginia Spate, *The Colour of Time: Claude Monet* (London, 1992), p. 310; see

also Steven Z. Levine, *Monet, Narcissus, and Self-Reflection: The Modernist Myth of the Self* (Chicago, 1994).

29 Maurice Rollinat, 'Le Saule', in P*aysages et paysans: Poésies* (Paris, 1899), p. 37.

30 Spate, *Colour of Time*, p. 314.

31 Clare A. P. Willsdon, *In the Gardens of Impressionism* (New York, 2004), p. 229.

32 Roger Marx, 'Les "Nymphéas" de M. Claude Monet', *Gazette des Beaux-Arts*, 624 (1909), pp. 523–31, p. 529.

33 Spate, *Colour of Time*, pp. 284, 306.

34 Willsdon, *Gardens of Impressionism*, p. 229.

35 Spate, *Colour of Time*, p. 303.

36 Ibid., p. 306.

37 Gaston Bachelard, *Water and Dreams: An Essay on the Imagination of Matter*, trans. Edith R. Farrell (Dallas, tx, 1983), p. 92.［前掲］

38 Spate, *Colour of Time*, p. 307.

39 Louis Gillet, *Trois variations sur Claude Monet* (Paris, 1927), p. 106.

40 Spate, *Colour of Time*, p. 314.

41 Levine, *Monet, Narcissus, and Self-Reflection*, pp. 191, 258.

42 Spate, *Colour of Time*, p. 307.

43 Andrew Marvell, 'Eyes and Tears', in *Andrew Marvell*, ed. Frank Kermode and Keith Walker (Oxford, 1992), p. 16, lines 54–6.［アンドルー・マーヴェル『アンドルー・マーヴェル詩集』「眼と涙」星野徹編訳／思潮社／ 1989年］

終章　世界の庭園と柳

1 'Pope's Villa', *The Topographer*, I/8 (1789), pp. 470–74, p. 472.

2 Charles M. Skinner, *Myths and Legends of Flowers, Trees, Fruits, and Plants in All Ages and All Climes* (Philadelphia, PA, 1925), p. 298.［前掲］

3 David Quintner, *Willow! Solving the Mystery of Our 200-Year Love Affair with the Willow Pattern* (Burnstown, ON, 1997), pp. 52–3.

4 Quoted in Anthony Beckles Wilson, 'Pope's Grotto in Twickenham', *Garden History*, XXVI/1 (1998), pp. 31–59, p. 55.

5 Archie Miles, *Silva: The Tree in Britain* (London, 1999), p. 192.

6 Robert L. Thorp and Richard Ellis Vinograd, *Chinese Art and Culture* (New York, 2001), p. 360.

7 John Russell, Duke of Bedford, 'Introduction', in James Forbes, *Salictum Woburnense: or, A Catalogue of Willows, Indigenous and Foreign, in the Collection of*

the Duke of Bedford, Woburn Abbey (London, 1829), p. iv.

8 William Gilpin, *Remarks on Forest Scenery, and Other Woodland Views*, ed. Sir Thomas Dick Lauder (Edinburgh, 1834), vol. I, p. 133.

9 Alexander de Humboldt, *Political Essay on the Kingdom of New Spain*, vol. II (London, 1811), pp. 96–100.

10 Dana Leibsohn, *Script and Glyph: Pre-Hispanic History, Colonial Bookmaking and the Histoira Tolteca-Chichimeca* (Washington, DC, 2009), p. 116.

11 Philip L. Crossley, 'Just Beyond the Eye: Floating Gardens in Aztec Mexico', *Historical Geography*, vol. XXXII (2004), pp. 111–35.

12 See John Warnes, *Living Willow Sculpture* (Tunbridge Wells, 2002).

13 Alessandro Rocca, *Natural Architecture* (New York, 2007), p. 65.［Alessandro Rocca『ナチュラルアーキテクチャー』大塚典子訳／ビー・エヌ・エヌ新社／2008年］

14 Carolyn Forché, 'The Garden Shukkei-en', in *The Angel of History* (New York, 1994), pp. 70–71.

アリソン・サイム（Alison Syme）
ハーバード大学で美術史の博士号を取得。現在、トロント大学現代美術史の准教授。19世紀後半から20世紀前半のイギリス・フランス・アメリカの美術を専門とし、幅広い分野のトピック、伝統、美術と視覚芸術の接点、芸術活動や詩における比喩の役割などについて研究。初の著作『*A Touch of Blossom: John Singer Sargent and the Queer Flora of Fin-de-Siecle Art*（花の手ざわり：ジョン・シンガー・サージェントと世紀末芸術の珍奇な植物）』（2010年）は2011年モダニスト研究協会図書賞の最終候補作品となる。カナダ在住。

駒木令（こまき・りょう）
翻訳家。ポピュラー・サイエンスから人文科学、英米文学まで幅広い分野の翻訳に携わる。訳書に『チューリップの文化誌』『バラの文化誌』（以上原書房）。

花《はな》と木《き》の図書館《としよかん》

柳《やなぎ》の文化誌《ぶんかし》

●

2021 年 *7* 月 *1* 日　第 *1* 刷

著者……………アリソン・サイム

訳者……………駒木《こまき》 令《りよう》

装幀……………和田悠里

発行者……………成瀬雅人

発行所……………株式会社原書房

〒 160-0022 東京都新宿区新宿 1-25-13

電話・代表 03(3354)0685

振替・00150-6-151594

http://www.harashobo.co.jp

印刷……………新灯印刷株式会社

製本……………東京美術紙工協業組合

ISBN 978-4-562-05922-5, Printed in Japan